U0750607

"高等院校美术与设计实验教学系列教材"编委会

顾　问　杨永善　章瑞安

主　任　徐俊忠

主　编　汪晓曙

委　员　陈其和　何新闻　李　锐　韩　然　李　青　林　强
　　　　齐风阁　程新浩　孙　黎　刘颖悟　钟　曦　梁志涛
　　　　徐浩艇　詹　武　王建民　王青剑　陈德润　许边疆
　　　　陈华钢　车健全　全　心　陈克平　陈　海　邓箭今
　　　　张小纲　王　磊　林钰源　陈贤昌　李小敏　蔡忆龙
　　　　胡大芬　卢小根　刘少为　温志昌　王　丹　高大钢
　　　　李锐文　李茂宁　黄　滨　马欣凡　熊应军　吴泽锋
　　　　黎志伟　梁志涛

高等院校美术与设计实验教学 系列教材

主 编◎汪晓曙

服装立体裁剪技术实验教程

FUZHUANG LITI CAIJIAN JISHU
SHIYAN JIAOCHENG

胡大芬 著

广东省教育厅重点实验室建设经费资助

暨南大学出版社
JINAN UNIVERSITY PRESS

中国·广州

图书在版编目（CIP）数据

服装立体裁剪技术实验教程 / 胡大芬著. —广州：暨南大学出版社，2011.12
（高等院校美术与设计实验教学系列教材）
ISBN 978 - 7 - 81135 - 975 - 6

Ⅰ．①服… Ⅱ．①胡… Ⅲ．①服装—立体裁剪—高等学校—教材
Ⅳ．① TS941.631

中国版本图书馆CIP数据核字（2011）第 182491 号

出版发行：暨南大学出版社

地　址：	中国广州暨南大学	
电　话：	总编室（8620）85221601	
	营销部（8620）85225284　85228291　85228292（邮购）	
传　真：	（8620）85221583（办公室）　　85223774（营销部）	
邮　编：	510630	
网　址：	http://www.jnupress.com　　http://press.jnu.edu.cn	

排　版：	广州市友间文化传播有限公司
印　刷：	广州市怡升印刷有限公司

开　本：	787mm×1092mm　1/16
印　张：	8
字　数：	190千
版　次：	2011年 12 月第 1 版
印　次：	2011年 12 月第 1 次

定　价：	38.00 元

（暨大版图书如有印装质量问题，请与出版社总编室联系调换）

序

十九世纪英国著名风景画家康斯坦布尔曾经说："绘画是一门科学。绘画应该作为对自然规律的一种探索而从事。既然如此，为什么不能把风景画看作自然哲学的一个学科，而图画只是它的实验呢？"事实上，从方法论上来看，绘画以及一切造型艺术的确具有科学的天性——任何能称之为创作的作品都须经由反复实验才能完成。

因而，海外先进之国的美术与设计教育历来重视实验教学。我国过去由于经济发展水平的限制和认识上的不足，包括美术教育在内的所有文科教育中，实验教学长期缺位。进入新世纪，情况得到很大改观，教育界上下都深刻认识到实验教学对于培养学生的实践和创新能力至关重要，越来越多的文科院校开始导入实验教学，实验室建设也被提升到空前高度。

广州大学美术与设计实验室经过多年努力，2010年获批为广东省美术与设计实验教学重点示范中心。实验室建设要着眼于硬件配置，更要注重内涵建设。为此，从去年下半年以来，我院组织多名有丰富教学经验的教师汇同其他高校的教师编写了"高等院校美术与设计实验教学系列教材"，经过教师们将近一年的辛勤笔耕和暨南大学出版社的大力支持，这套系列教材终于即将付梓出版。

本系列教材共计十九部，涉及绘画材料、现代工艺、雕塑、陶艺、摄影、服装设计、室内设计、工业设计、动画设计等多个专业，是目前国内美术与设计教育首套系列化实验教材，标志着实验教学由依靠感性经验向理性规范转变，是提升实验教学质量的重要保证。

由于时间和水平有限，教材质量一定存在有待改善的空间，重要的是我们迈出了可贵的第一步，由衷地期望这套教材能够起到抛砖引玉的作用，引来更多的学校和教师热忱投入实验教学的建设和改革中，这也是本实验教学示范中心应有的作用之一。

本系列教材的出版，得到广东省教育厅重点实验室建设经费资助，在此表示诚挚的谢意。

汪晓曙

2011年10月

前　言

立体裁剪技术从广义的范畴说，就是用任何的形式在人台模特上进行立体塑型的方式。立体裁剪不一定是特指用白坯布所完成的立体服装作品，应该说还包含着使用更广泛的材料、更自如的手法及更广阔的创意空间。

社会的不断变化，人们审美需求的提高，高科技飞速发展的推动，使得服装样式的变化呈千姿百态，其中很多款式不是平面造型所能想象到的，或许只有通过直接进行立体塑型才能够达到审美要求，只有在操作过程中，布料的某种姿态才会闪现出特有的美感。更多的造型美需要我们在实践中去发现和挖掘，这一切需要通过立体裁剪去完成。

立体裁剪不是一门严谨高深的技术，可以这样简单地形容它，一个孩子也能做，但重要的是做的是什么、追求的审美是什么，对于市场效应、艺术造诣等就不是一个没有经过专业教育的人能做到的。因此，目前多所高校把立体裁剪课程定位为同学科层次的公选课程，是有其理由和教学意义的。在撰写教学大纲时，立体裁剪课程的目标与要求需明确一点，即掌握立体裁剪基本的操作方法，关键在于创意空间的发挥和指引。在"立体裁剪1"中，强调的是基础知识的学习，基本不涉及设计部分，并以这样的教学思维确立了"立体裁剪1"的教学大纲。

胡大芬

2011年9月于广州大学

目录

序 ·· 1

前　言 ··· 1

第一章　立体裁剪的基础知识 ············ 1

　　第一节　立体裁剪在服装设计中的作用 ········· 2
　　第二节　立体裁剪工具的准备 ···················· 3
　　第三节　立体裁剪的专用人台模特 ·············· 7
　　第四节　人台模特点与线位置的名称 ············ 9

第二章　立体裁剪的基本操作技术 ········ 14

　　第一节　人台模特标志线的校正及设置 ········· 15
　　第二节　针包的制作 ······························· 21
　　第三节　立体裁剪的插针法 ······················ 25

第三章　布料的整理 ···························· 28

　　第一节　布料的种类及纹向的造型特色 ········· 29
　　第二节　用料及整理的方法 ······················ 34

第四章　上衣原型的立体裁剪技术 ········ 37

　　第一节　立体裁剪的基本步骤 ···················· 38
　　第二节　上衣原型前片的操作示范 ·············· 42
　　第三节　上衣原型后片的操作示范 ·············· 55
　　第四节　裁片的脱样 ······························· 68

第五章　半腰裙原型的立体裁剪技术 ······ 70

　　第一节　区间线的划分方法 ······················ 71

　　第二节　半腰裙原型前片的操作示范…………　73
　　第三节　半腰裙原型后片的操作示范…………　78

第六章　领子的立体裁剪………………………82
　　第一节　领子结构造型的分类……………　83
　　第二节　领子裁片形态的认识……………　86
　　第三节　领子立体裁剪的操作……………　88

第七章　袖子的立体裁剪………………………99
　　第一节　平袖的立体裁剪准备……………　100
　　第二节　袖与衣身的组合…………………　103

第八章　立体裁剪的补型技术……………　105
　　第一节　人台模特与人体体型差距的补型……　106
　　第二节　艺术造型的制作　………………　108

第九章　带分割线上衣的立体裁剪………　113
　　第一节　带分割线上衣的立体裁剪操作方法…　114
　　第二节　学生实践作品的展示……………　117

结　语…………………………………………　121
附　录…………………………………………　122

第一章　立体裁剪的基础知识

第一节　立体裁剪在服装设计中的作用

服装设计工作的内容可分为三大部分：①造型设计（包括造型、色彩、面料、花式、着装方式等）；②结构设计（包括构成方式、结构方法、相互关系、面料性能等）；③工艺设计（包括制作方式、功能、造型与物质技术材料的关系处理等）。因此，对服装设计审美最基本的评价是造型美、结构美、工艺美的有机统一。

立体裁剪技术处在结构设计工作阶段中。

服装结构设计，也称服装打板，俗称服装裁剪，是服装造型设计的延续，也是服装造型设计实施的重要手段。在造型设计的指引下，研究服装裁片之间的组成及结构关系，并由此产生服装造型的设计。结构设计分为两种方式，一是平面造型方式，二是立体造型方式。

简单地理解，平面造型方式是通过平面制图，用合理的计算方式进行预测式制图。因此，经验是平面制图最重要的技术支持，反复试样是检验平面制板与造型设计是否达到预想目标的重要手段。

立体裁剪是直接在人台模特上塑型，对造型的感觉能够在第一时间及时捕捉到，并能随时调整及随心所欲地修改。创作激情的表达、欲望的喷发是立体裁剪重要的技术支持，制板过程的烦琐与制板成本的增加是采取立体裁剪前必须考虑的问题。

一、平面打板法

平面打板法，是指分析服装造型的结构组成关系，通过平面制图和某些直观的实验方法，将整个结构分解成基本部件，用合理的计算方式进行预测式制图的设计过程。它是最常用的服装打板方法。平面打板法有以下四种常见的方法：

（1）比例分配法：将测量体型后所得的各个部位的尺寸，按照服装的款式、造型、穿着要求，确定放大数，以主要部位尺寸按比例进行分配式打板。这种方法容易掌握，一般初学者都习惯使用这种方法，但随着复杂款式的应用，这种方法就存在很大的局限性。

（2）原型制图法：将大量经测量得到的人体体型的数据进行筛选，总结出人体基本部位的常用数据，并画出最简单的基础样板。原型种类很多，其制图比例与衣片外形变化方法都各有不同。这种方法起源于法国，随后遍及日本、意大利、美国等世界各地。我国使用原型制图法起步比较迟，目前各院校不断在推广，但在实际的工业生产中还未能很好地应用。这种方法虽然比较复杂，但这是时装设计的基础，是一个成功设计师必须掌握的技术。

（3）平面和立体并用法：首先用平面作图取得一定的形，然后用白坯布将其组合起来，穿在人台模特上。对于某些细节或一些具有特殊性的造型，为了取得最佳效果的立体状态，往往采用平面和立体相结合的方法。例如，一些领子、袖的打板，平面式比立体式要方便，但在衣身结构中平面打板难以做到，在这种情况下，往往是以平面和立体相结合的方式进行。

（4）人身打板法（又称人身定做）：是以人体多个部位尺寸为参考的平面打板方式，也就是说，计算公式不以比例形式进行，各部位的尺寸直接使用人体实际数据，这样，服装板型更贴合人体，更具个性化。这种方法目前多应用在针对个人体型如西服、旗袍、演出服等较高档的礼服中。这种方法是我国传统的打板模式，至今，海外仍有很多著名的华侨服装店以这种形式生存，并因个人技术而扬名。

二、立体裁剪法

立体裁剪法，是指直接在人体或人台模特上塑造服装。首先，要从人体测量几个主要部位的尺寸，根据这些尺寸预先画出衣片大形，然后进行细部的直接塑型，反复修改后定稿。立体裁剪多用于高级时装和创意性的艺术服装设计。

立体裁剪如同软性雕塑一般，其材料不是泥巴，而是布料，因此，立体裁剪也有"移动的雕塑"的称号。对于没学过结构设计的人来说，立体裁剪没有拘束的造型操作，是快速成型的方法，尤其是高等院校的学生，非常喜欢用这种方法完成课堂作业。但是，在实际工业生产中，立体裁剪的成本和程序相对来说是昂贵和麻烦的，加上人台模特规格的限制，使得人们在工业生产应用中对立体裁剪的态度是能回避就回避，而不会作为主要的打板手段。

对于人台模特的选择，目前日本是人台模特型号最齐全、最先进的国家，每年人台模特规格的更新十分频繁。相较而言，我国的人台模特生产行业还比较滞后，而使用人台模特最多的高等院校或服装生产厂家就更加落后，高等院校和服装生产厂家都不可能每年淘汰和更换人台模特，就目前保守估计，很多高校的人台模特至少使用了五年以上。因此，人台模特是立体裁剪开展的最大难题。

立体裁剪的程序比较复杂，就算定稿后，脱样、输入、修改等都比较麻烦，这些工作程序将在下面章节论述。对于高等院校学生作业来说，如果仅仅是立体裁剪，当然免去了一些程序，但对于工业生产，立体裁剪后的纸样处理工作是比较麻烦的。

立体裁剪有很大的优势，同时也有很多不足。掌握这门技术，重要的是在服装设计中能正确地运用平面、立体两种方法的交互式使用，这才是服装结构设计最好的方式。

第二节　立体裁剪工具的准备

立体裁剪需要工具辅助才能完成，工具当然是越齐全越好，但是对于高等院校的学生来说，很多专业的工具有可能买不起，以下列举一些必需的工具。

一、尺子类

（1）软尺（带形尺）。

（2）服装专用格子尺。

（3）6字弧线尺（见图1-2-1），也可以用普通的万能曲线尺（见图1-2-2）代替。

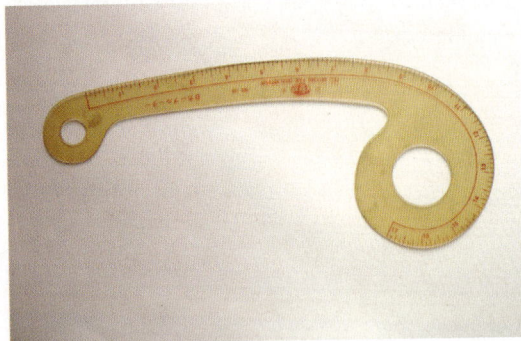

图1-2-1

图1-2-2

（4）大直角尺。

二、笔类

（1）双色圆珠笔1支。

（2）B型铅笔1~2支。

三、立体裁剪专用工具

（1）珠针。珠针有长、短及铁、不锈钢之分，一般来说，不锈钢、长而细的是首选，当然价钱也贵。

①小头珠针（见图1-2-3），是立体裁剪比较专业的用针，头小、针体细，在立体裁剪中不容易阻碍造型鉴别的视线，因此受到很多高级服装设计师的欢迎，但针头小，操作时不容易抓针。小头珠针的材质一般是带磁性的不锈钢，落地后用吸铁可以找到，因此价格较高。对于初学者来说，可以暂时放弃这种较专业用针的选择。

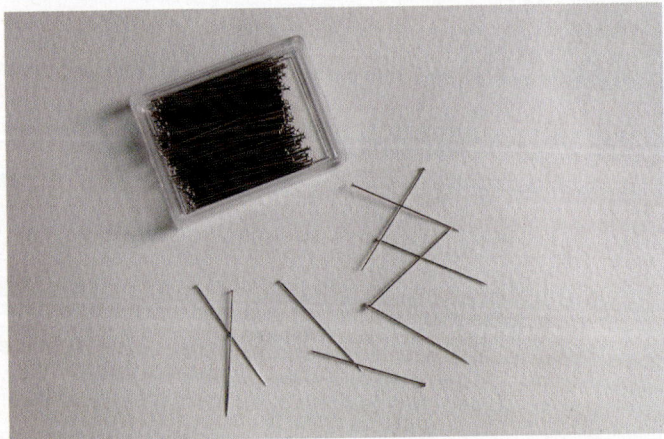

图1-2-3

②彩色珠头针（见图1-2-4）。在造型鉴别中，这一排排彩色针头容易使人眼花缭乱，阻碍造型鉴别的视线，但落地后不用吸铁也能用肉眼找到。这类针的材质大多数使用铁，因此价格低，但也不推荐学生使用。

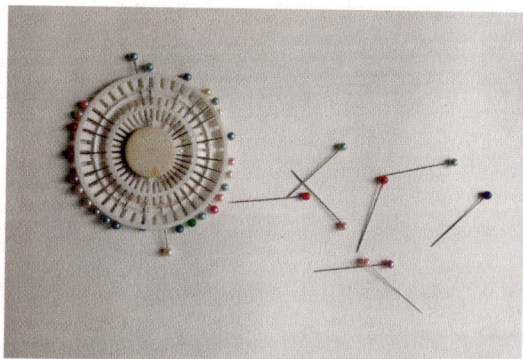

图1-2-4

图1-2-5

③白头珠针（见图1-2-5），是以上两种针的折中，比较方便初学者抓针，因此建议学生选用这类白头、长而细的珠针。

（2）标示带，也称粘带、粘线，专业名称为设计辅助带。用于标示人体主要部位的位置和水平方向，更多的用于款式设计中分割线的标示、衣片中的造型划分等，是立体裁剪技术必需的工具。标示带有宽和窄之分，较常用的有0.3cm和0.5cm两种规格，最基本的有黑、红双色标示粘带，一般来说，原始设计线用黑色，修改线用红色。

①带出线盒的标示带（见图1-2-6）。这种类型的标示带是最方便使用的，标示带有专门的出线盒装卷，使用时可直接拉出和折断，非常方便。这种类型一般是一次性使用，价格比较高，是专业服装设计师的首选，不推荐学生使用。

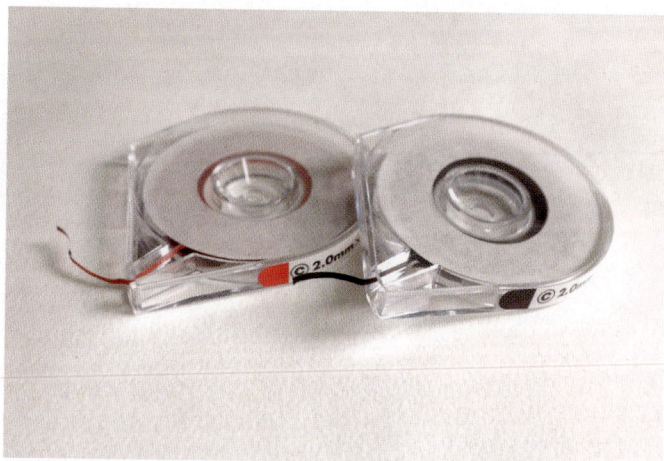

图1-2-6

②简易包装的纸质标示粘带（见图1-2-7）。这类标示带出线比较方便，但是材质易断，价格适中，建议学生选用这种类型比较合适。

图1-2-7

图1-2-8

③如果不方便购买立体裁剪工具，还可以使用电工胶布（见图1-2-8），用小刀平行界出，断面宽约0.3cm，在使用时出线不方便，非常容易断线，但价格很低。

另外，利用丝带作标示带也是一种方法，丝带没有粘胶，每标示一段，就要用小头珠针直插到底固定丝带。用丝带作标示线，对初学者来说有一定的难度，不建议选用。其最大的优势是标示带不容易脱落，保留时间较长。而粘贴型的标示带很容易脱落，且保留时间短。

四、其他要准备的工具

其他要准备的工具包括剪刀（见图1-2-9）、过线器、复印纸、白纸、橡皮、熨斗、红色与黑色线等。

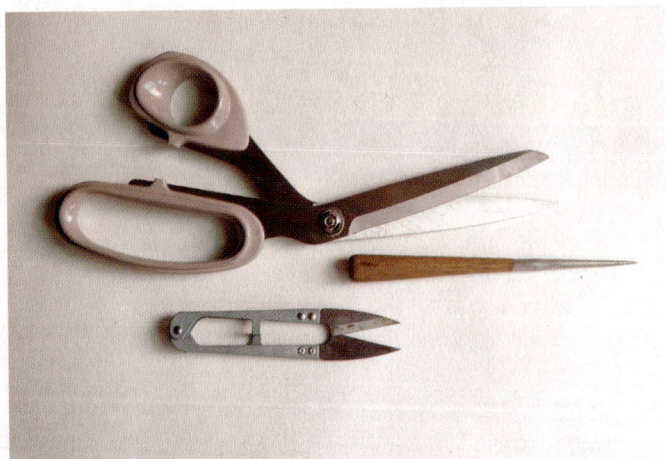

图1-2-9

随着社会科技的进步，立体裁剪的工具越来越丰富，功能也越来越齐全。作为初学者，在工具选择上不必追求太完美。从学生到大师需要一个过程，使用的工具会不断更新，技术水平也在不断进步。

另外，人台模特将在本章第三节作详细介绍，白坯布将在第三章作详细介绍。

第三节 立体裁剪的专用人台模特

人台模特是立体裁剪的工具之一，是立体裁剪的一个关键因素。人台模特的规格和更新速度等，从某个角度来说，制约着立体裁剪技术的发展和规模，因此人台模特的选用非常重要。一般来说，人台模特的规格设置都是参考某一地区人的体型进行的，但受到生产、制作等因素的制约，以至于不可能随时跟上人体变化的速度，因此，多数学校仅从大方向去选择。例如，选择中国人体型，或选择亚洲人体型，或选择东南亚地区人体型等。人台模特的规格有多个系列，以胸围尺寸的选择为主，如 80cm、82cm、86cm、90cm 等，往下再细分到各种型号。因为体型的差别，细节方面只有通过补型技术来解决。补型技术将在第八章中详细论述。

从使用功能来看，人台模特可分为表面斜插针、直插针两种。

根据造型种类，人台模特一般可分为以下几种：

一、常用型半身人台模特

如图1-3-1、1-3-2所示，这是最常用的半身人台模特，是初学者的首选。人台模特的规格和造型有多种，人台模特制造商所针对地区人体尺寸也有很大差异，因此要选择与本地区人体型相似的规格。半身人台模特造型种类很多，如男、女、童等，但不能选择展示用人台模特，因其不能插针。

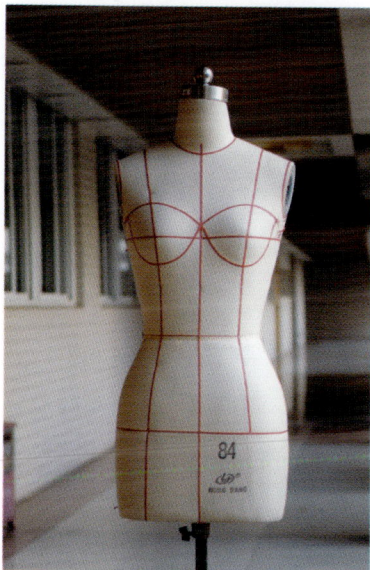

图1-3-1

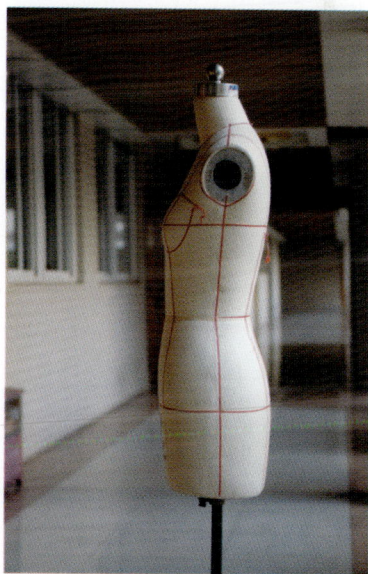

图1-3-2

二、带半腿型人台模特

如图1-3-3、1-3-4所示，这种类型的人台模特大多用于泳装及带下半体服装，如连衣裤、工装裤、短裤等款式的立体裁剪。在学校的教学实验室中，这种类型的人台模特比较常见。

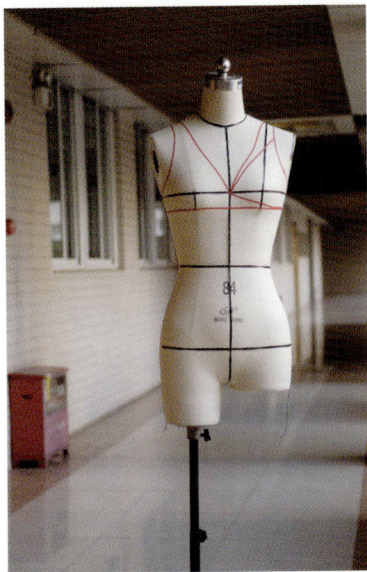

图1-3-3

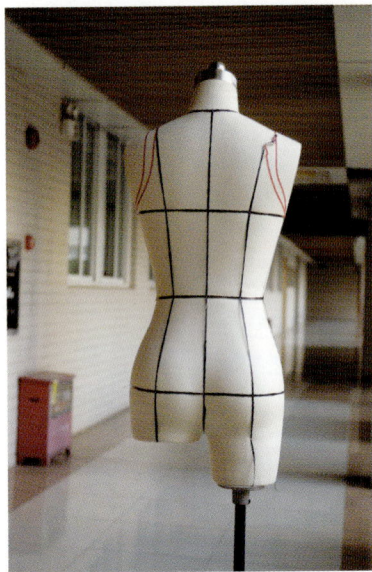

图1-3-4

三、下半身辅加网状型人台模特

如图1-3-5、1-3-6所示，这种类型的人台模特一般用于裙子、连衣裙、礼服裙等款式的立体裁剪。在学校的教学实验室中，这种类型的人台模特比较常见。

图1-3-5

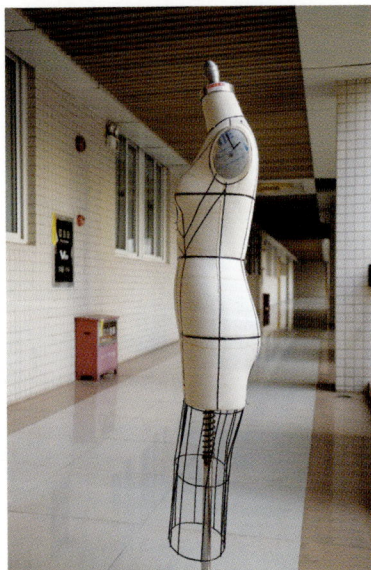

图1-3-6

四、全身或半身吊挂式人台模特

如图1-3-7、1-3-8所示，这种类型的人台模特一般用于泳装、裤子、礼服等款式的立体裁剪。在学校教学实验室中，需要具备这种类型的人台模特，但不一定大规模使用。

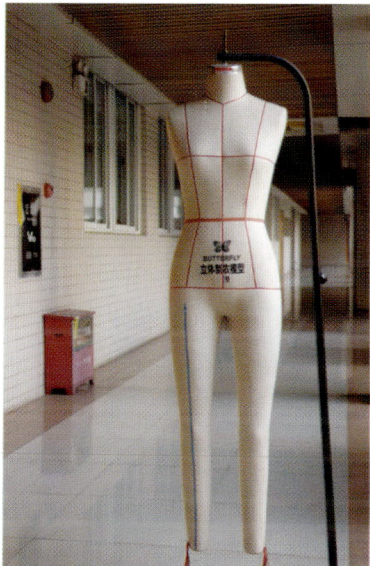

图1-3-7

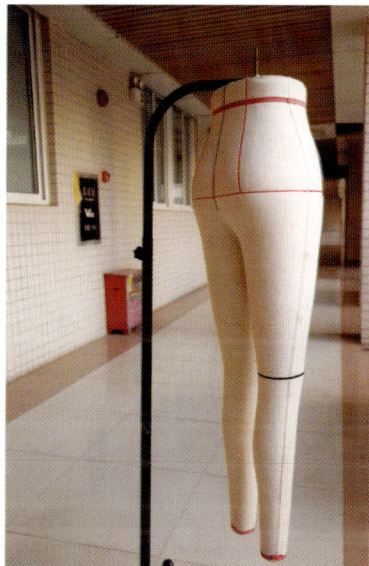

图1-3-8

学生自选学习立体裁剪的人台模特，建议选用第一种常用型半身人台模特。选择体型以本地区人体型尺寸为主，方便使用直插针，而展示用人台模特是绝对不能选择的。

第四节　人台模特点与线位置的名称

在学习立体裁剪之前，首先要了解人台模特点与线位置的名称。世界各国对人台模特点与线位置的基本命名是相同的，外国的立体裁剪应用中多使用英文的简写。例如，胸围线，在服装术语中英文是bust line，缩写为BL；后中心线，在服装术语中英文是center back fold，缩写为CBF。英文与中文翻译对这些点与线的命名可能有偏差，但基本词义是相同的。再有，中国南北方言的差别也造成了某些命名的差异。例如，夹圈，有些地区命名为袖笼，有些地区命名为袖圈，但英文翻译都是arm hole，缩写为AH；后浪，有些地区命名为后裆，有些地区命名为后弧线，但英文翻译都是back rise，缩写为BR。

对于人台模特点与线位置的名称，我国习惯使用中文命名，偶尔也会使用一些很常用的英文缩写，在以下学习中，大多数以中文命名为主，一些常用的英文缩写会在括号中标示。

服装立体裁剪技术**实验教程**

一、人台模特主要的水平线位置

胸围线、腰围线、臀围线，这三条主干水平线是人台模特重要的三围线，如图1-4-1所示。人台模特的规格标示以这三围尺寸为主，尤其以胸围标示为主，三围差数是立体裁剪选择人台模特最重要的数据。

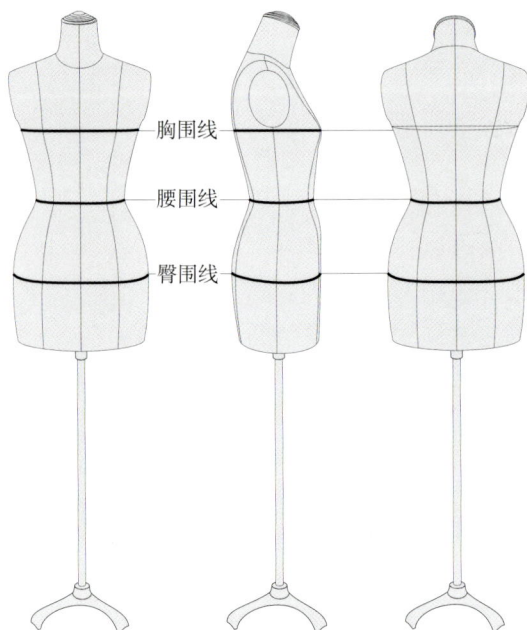

图1-4-1

水平线还包括前胸宽线、后背宽线，如图1-4-2所示。

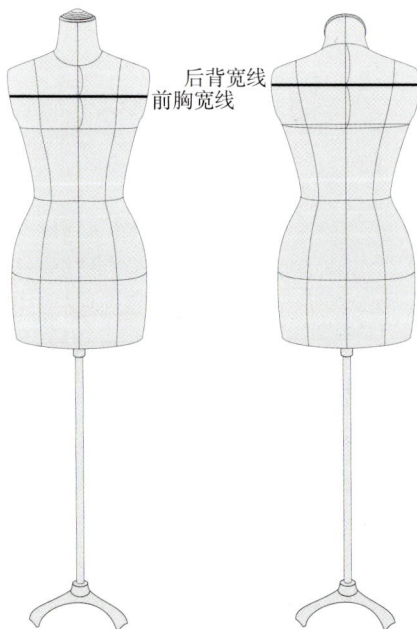

图1-4-2

二、人台模特主要的竖向线位置

竖向线包括前中心线、前公主线、侧缝线、后中心线、后公主线，如图1-4-3所示。

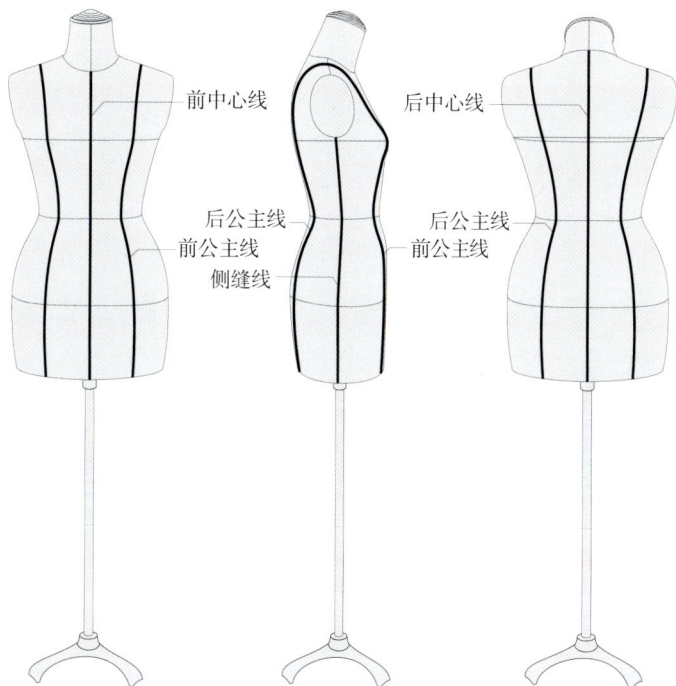

图1-4-3

在立体裁剪技术中，竖向线有六条非常重要的隐区间线，这些线是立体裁剪操作中重要的标准参考线。这六条隐区间线的划分方法是：把人体看作一个六面箱形造型，在臀围把人体划分为六等份，前占两份，两侧各占一份，后占两份，如图1-4-4所示，分别把胸围线、腰围线和臀围线从前中心线到后中心线之间划分为三等份。这样，前后中心线以及前后四条等分线（共六条，在立体裁剪中称为区间线）垂直至腰围线，再在腰围线向胸围线垂直。如图1-4-5所示，四条等分线虽处于隐藏状态，但它们是立体裁剪中重要的标准参考线，在以下章节中将有示范操作。

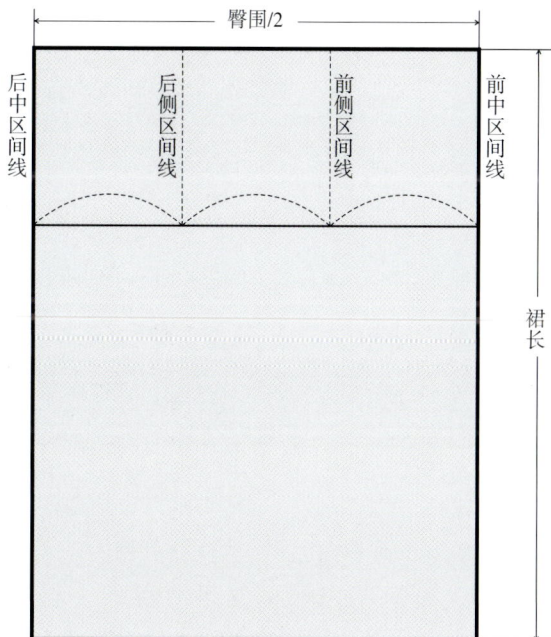

图1-4-4

三、人台模特的弧线位置

（1）领口线，也称作领窝线、领弧线、领弯线、领圈线等。前片可称前领口线，后片可称后领口线，如图1-4-5所示。

（2）手臂根围线。手臂根的实际围称手臂根围线，如图1-4-6所示。在立体裁剪中实际的手臂围需要加活动量，因此，加深后的手臂围线称袖圈弧线，也称作夹圈或袖笼线。

（3）手臂围线，是指手臂根部位置的水平线。它在加入活动量后称袖围线，在"袖子的立体裁剪"一章中有标示。

（4）肘围线，是指手臂肘部位置的水平线。它在加入活动量后称袖肘围线，在"袖子的立体裁剪"一章中有标示。

（5）腕围线，是指手腕位置的水平线。它在加入活动量后称袖口线，在"袖子的立体裁剪"一章中有标示。

（6）肩线，如图1-4-5所示。肩线准确地说是一条弧线，由于背凸，前片的肩线比较平整，而后片的肩线因为需要处理这个凸量而加入一定的褶量或者是工艺上的溶量，因此，在服装术语中一般需要区分前肩线、后肩线。

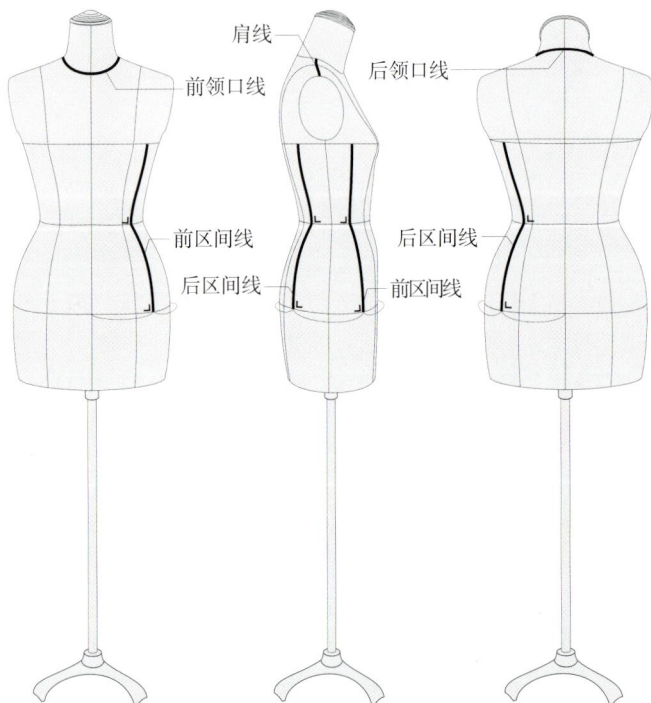

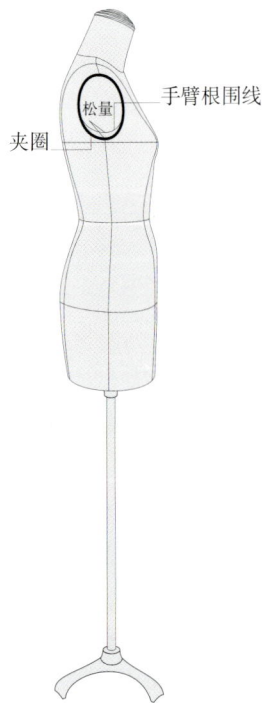

图1-4-5　　　　　　　　　　　　　　　　　　图1-4-6

四、人台模特的长度线位置

长度线包括身高线、后中长线、臀高线、衣长线、裙长线、裤长线，如图1-4-7所示。

在立体裁剪中，由于衣片涉及加入活动量，因此相应点和线的名称会有所改变，但基本与人台模特点与线的位置相对应。比如，衣或裙的长度的横线一般称为衣下摆线或裙下摆线，等等，在实际操作中需要逐步学习和理解。

本章阐述了立体裁剪的基础知识，由于上课的时间有限，需要学生通过课外阅读不断深入理解。

思考练习题

准备学习工具，课余阅读有关立体裁剪的书籍，了解立体裁剪的知识，关注立体裁剪技术的发展。

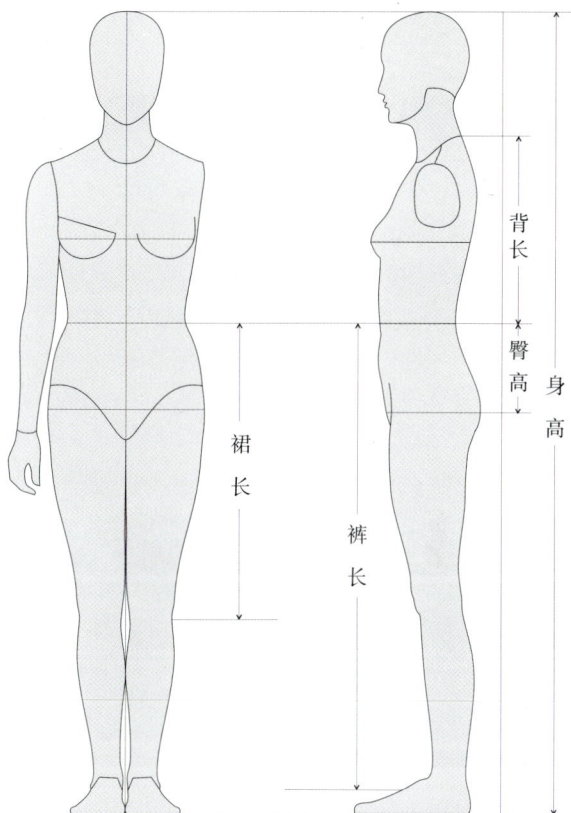

图1-4-7

第二章　立体裁剪的基本操作技术

　　在立体裁剪前，需要做一些基本的准备工作，并对立体裁剪技术有一个初步的认识。严谨的操作方法、灵活的创作思维是立体裁剪的技术要求。

第一节　人台模特标志线的校正及设置

　　人台模特标志线的校正及设置，是立体裁剪技术的准备工作。标志线的技术作用有两种：第一，标志线的粘贴可以校正人台模特部位的准确细节，如对称度、线条的平行度等；第二，标志线的粘贴可作为设计辅助线，对款式造型、分割线等作位置的标示和设计。

一、人台模特最基本标志线的粘贴

　　做工精细、质量上乘的人台模特，一般不需要标志线的校正，只需要增加两条横向围度胸围线和臀围线以及左右两条袖圈弧线，腰围线是人台模特自带的指示线，国际标准一般以腰围线丝带下线为标准线。

1. 胸围线粘贴的操作方法

　　最专业的方法是利用落地水平标尺，对人台模特胸围及臀围进行平行取线。目前，这种工具在国内未有生产，因此，学生一般无法使用这种工具。

　　在高等院校教学中，可以两个人为一个小组，用三角尺辅助取平行线，画线必须平行，胸围线的定位方法是从胸高点开始，绕胸围平行画线一圈，如图2-1-1所示，画线后，检查线条的平行度，再进行标志线的粘贴。胸围线的粘贴有两种方法，可以按人台模特造型线粘贴，也可以按实际操作胸高预量粘贴，如图2-1-2所示，设计师可以自行选择。

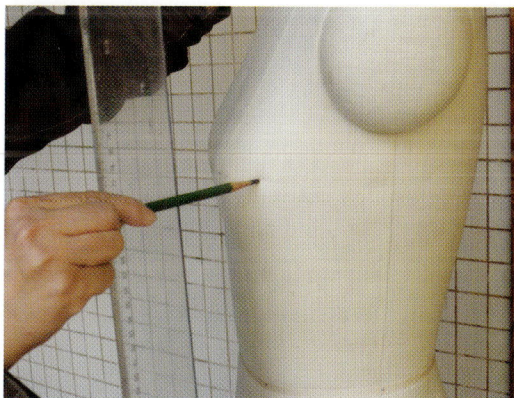

图2-1-1

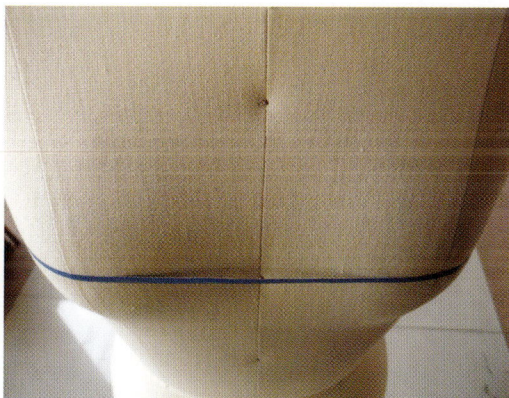

图2-1-2

2. 臀围线粘贴的操作方法

臀围线的粘贴是从臀峰最丰满点或者可以根据审美需要往上1~2cm开始作水平线，如图2-1-3所示。要注意的是，由于人体的腰围线呈由前向后倾斜1cm状态，所以臀围水平线与腰围水平线并不平行。例如，在常用码号臀高数据尺寸中，大码（162/86）前臀高约19cm、后臀高约18cm，中码（158/82）前臀高约18cm、后臀高约17cm，小码（154/78）前臀高约17cm、后臀高约16cm，初学者必须注意这一点。

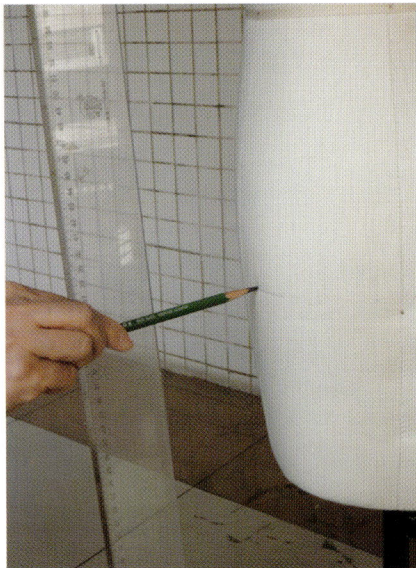

3. 袖圈弧线粘贴的操作方法

用铅笔隐约定出要画的袖圈弧线，从肩端点开始至前胸宽点再至手臂根底点下2cm，从这一点开始至后背宽点再至后肩端点，如图2-1-4、2-1-5所示。手臂根底点也可以先不降低2cm，在实际操作时再进行降低，但必须记住这些点位置的性质。

图2-1-3

图2-1-4

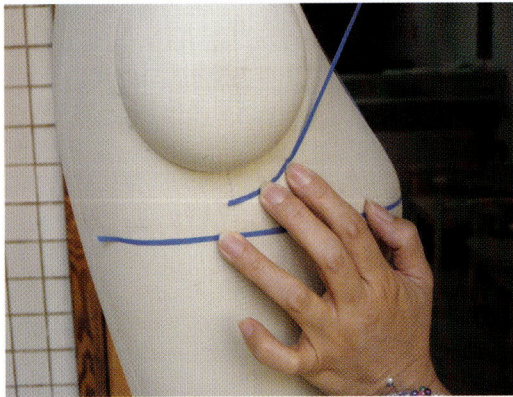

图2-1-5

这些点位置的性质如下：肩端点为实点；胸宽点为实点；袖圈弧线底点是加装袖子后满足人体活动需要的最起码降低点，夹圈线如果走在原来的手臂根围上，没有加深2cm，那么，这条袖圈弧线底点的性质是实点，是没加入活动量的点，这种情况适于无袖子的款式。

二、人台模特标志线的校正

人台模特在生产过程中，容易出现各种各样的差错，最常见的是紧包人台模特表面布料的标志线不对称或出现不流畅等现象，这是很难回避的技术问题，也是人台模特需校正的最主要原因。在这种情况下对人台模特的校正还需要增加一些部位和弧线，除了上面提及的围度线及弧线外，还需要增加以下的部位和弧线。

1. 前后公主线粘贴的操作方法

公主线的位置一般从肩线的1/2处开始，经过胸高点，走在原来人台模特的公主线上，对不流畅和感觉造型不理想的线条可以略作修改，如图2-1-6所示。需注意的是，左右两边一定要相等，可以使用尺子量度，用笔先作定点。

2. 颈围线粘贴的操作方法

在人台模特生产中，颈围线对称的差错是最容易出现的，因此需要作颈围线的校正。先用尺子检查颈围线对称的差错量，再用铅笔定主要的点，服装原型的领口线不能完全走在人体实颈围线上，需要预留一定的松量。因此，领口线的粘贴应该离开人体实颈围0.3~0.5cm，相对而言，前领口线可以离实颈围线远一些，后领口线一般离实颈围线距离较小，如图2-1-7、2-1-8所示。要注意弧线粘贴一定要圆顺流畅。

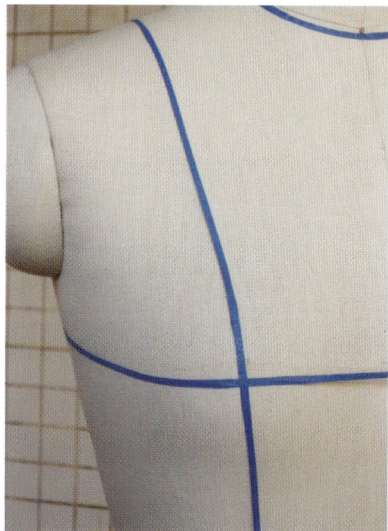

图2-1-6

图2-1-7

图2-1-8

图2-1-9

3. 肩线和侧缝线粘贴的操作方法

用尺子检查人台模特是否对称，肩线和侧缝线是否流畅或偏位；然后在原来的基础上，重新粘贴和校正，侧缝线的定位可以用重物垂挂辅助定点，如图2-1-9所示。

质量好的人台模特，这几条线都不需要重新校正，在立体裁剪操作中可直接参考人台模特上的结构线进行。就目前人台模特的生产水平，一般都需要重新校正，因此，包括前面的操作都是立体裁剪标志线

粘贴的部位。如图2-1-10、2-1-11所示，这是完成的标志线粘贴示范。

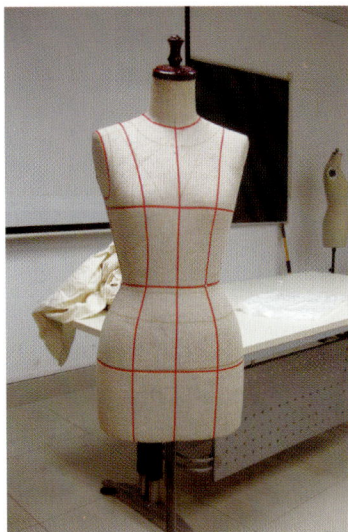

图2-1-10

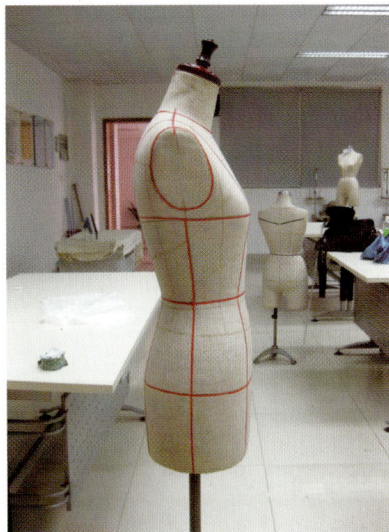

图2-1-11

三、设计辅助带的粘贴

标志线的粘贴除了校正作用外，还有一个十分重要的作用是作为设计辅助线，标记立体裁剪操作时的位置。因此，在西方立体裁剪技术中，标志线称为设计辅助带（style tape）。

设计辅助带粘贴的方法：

领会效果图的设计，对分割线进行定位，一般设计线用黑色或蓝色，修改线用红色。但为方便使用，设计师也可以自己把握。

例一：学生刘嘉雯作业，如图2-1-12、2-1-13、2-1-14、2-1-15、2-1-16、2-1-17、2-1-18、2-1-19所示，按照效果图，每条设计线都要粘贴辅助带，作为操作的指导。

图2-1-12

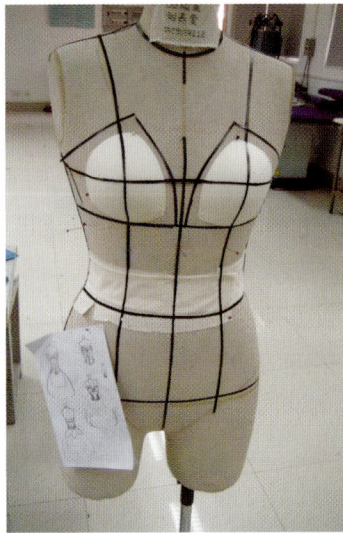

图2-1-13

图2-1-14

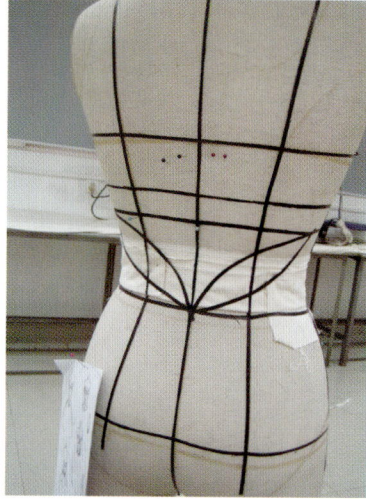

图2-1-15

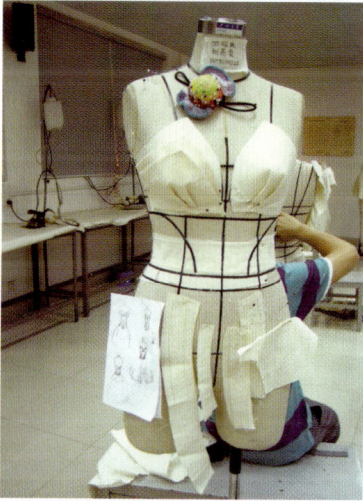

图2-1-16

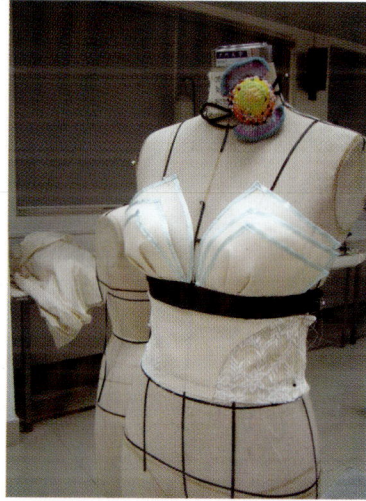

图2-1-17

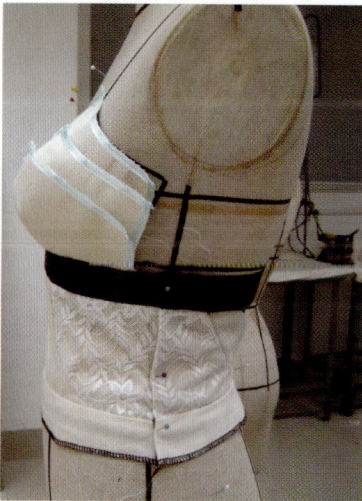

图2-1-18

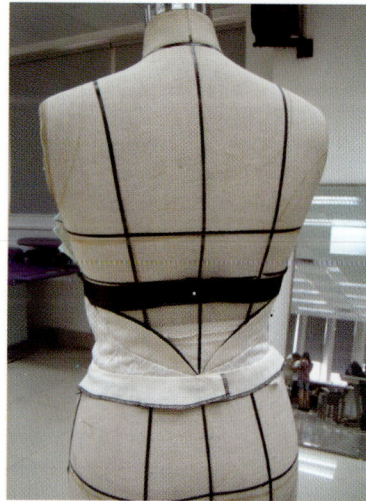

图2-1-19

例二：学生李敏斌作业，如图2-1-20、2-1-21、2-1-22、2-1-23、2-1-24、2-1-25所示。

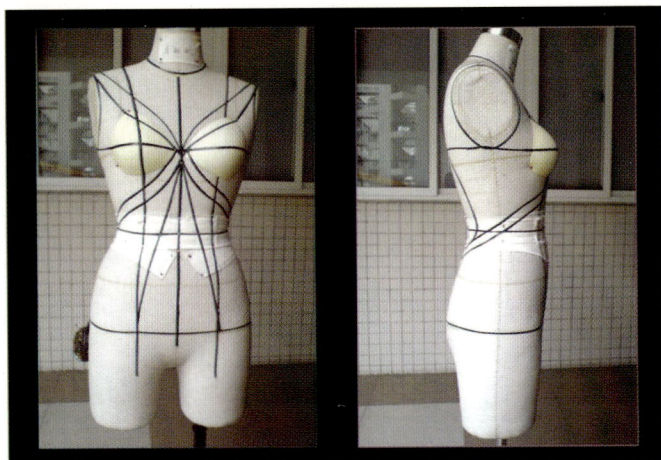

图2-1-20

图2-1-21

图2-1-22

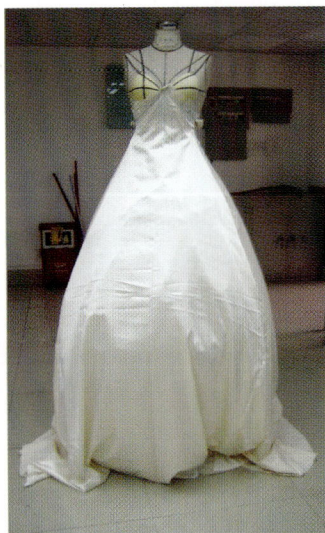

图2-1-23

图2-1-24

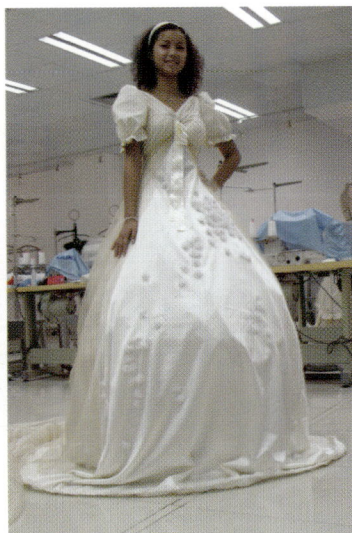

图2-1-25

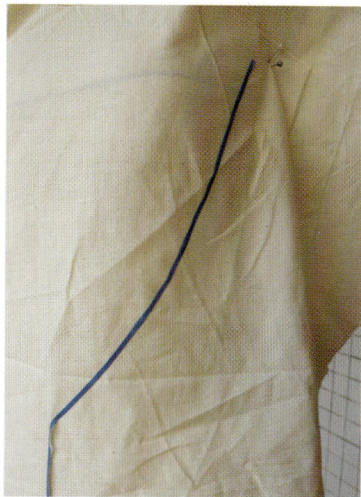

设计辅助带还可以直接在布料上作标志指引，用于截取裙摆造型、衣长造型、领子大小设计等。为了不影响视觉效果，一般这种用途的线要细一点，如图2-1-26所示。

图2-1-26

第二节　针包的制作

针包是立体裁剪专用插针工具，由于比较专业、销量有限，市场上较少且价格贵。作为立体裁剪师，对针包的要求各有不同，因此，设计及缝制针包是立体裁剪前的必备工作。

一、针包选择的材料

（1）布料选择：针包布料选择的先决条件是布料密度适中，不能过密，也不能过疏。过密插针太紧，使用时不便于针的抽取；过疏则插针不稳，容易丢针，因此组织结构松软的纱布等不适宜做针包布料。

密度适中的布料做针包比较合适，如图2-2-1（学生秦笑金作业）、2-2-2（学生李艳颜作业）所示。

图2-2-1

图2-2-2

（2）硬塑一块：大小约10cm×10cm，作针包的底部挡板，也可以选择其他材料。针包的作用是不让针穿过以保护手臂，过薄材料容易使针穿过底部，过软材料则容易使底部变形。从材料的选择来看，比较合适作底部材料的是塑料垫板，如图2-2-3（学生叶文丽作业）所示。

（3）棉花或腈纶棉：用量为在抓紧后约一个拳头大，最好用棉花。

（4）松紧带一条，长约15cm。

图2-2-3

二、裁样

（1）针包底部塑板的布料一块，如图2-2-4所示。根据个人喜好，最好是根据自己手臂大小来确定针包底部的大小，一般女装用的针包底部直径是6~8cm，男装用的可以再宽一点，如图2-2-5（学生叶文丽作业）所示。在实践过程中，学生可根据自己的喜好做得大一点，可多插一些针；还可制作个性化的针包，如图2-2-6（学生谈剑波作业）所示。注意底部布料起码比塑板边留1.5cm缝口。

图2-2-4

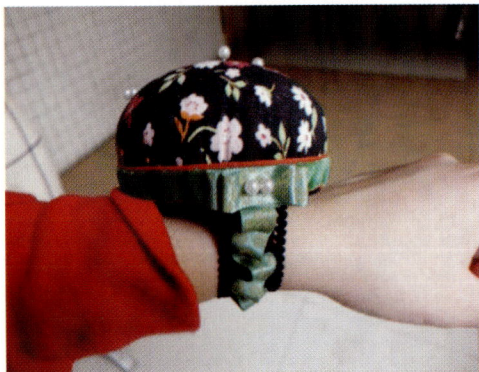

图2-2-5

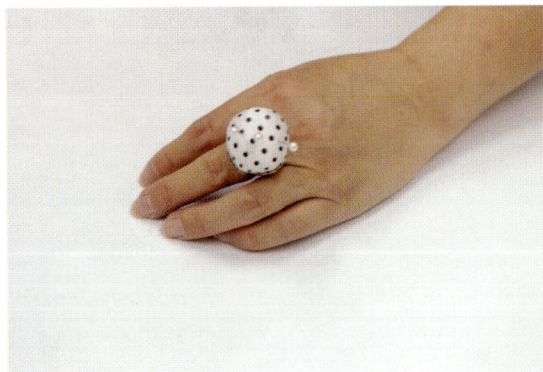

图2-2-6

（2）针包面层布料可根据个人喜好来确定，不可以过小，高度要超过针的长度。例如，底部直径6cm，面层布料实样直径约12cm。

（3）松紧带可根据个人手臂粗细截取，预留缝口约3cm。

三、制作

（1）用平针在底布上大于塑板直径约1cm处缝一圈，如图2-2-7所示；然后拉紧这条线，使边圆顺，用五角星形拉线固定底布，如图2-2-8所示。

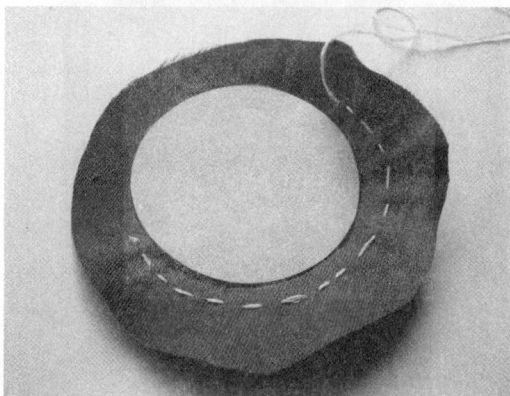 

图2-2-7　　　　　　　　　　　　　　　　　图2-2-8

（2）根据手臂粗细截取松紧带，把松紧带固定在底布的两边，可以选择单或双松紧带，如图2-2-9所示。松紧带上可以加花边作装饰，如图2-2-10（学生黄月妮作业）所示。

 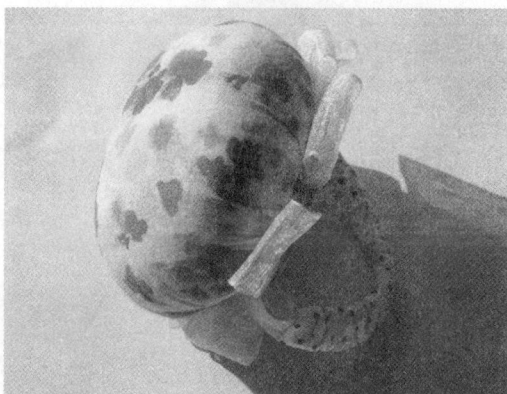

图2-2-9　　　　　　　　　　　　　　　　　图2-2-10

（3）在面布边缘缝一圈线，稍拉紧并放入棉花，注意放入棉花的量，不要因过多而导致过硬，也不要过少，并将其理顺，保持造型的优美，如图2-2-11所示，要核对其大小是否与底板大小一致。

图2-2-11

（4）用潜针（在第三节中将详细介绍）组合面与底，如图2-2-12、2-2-13所示。

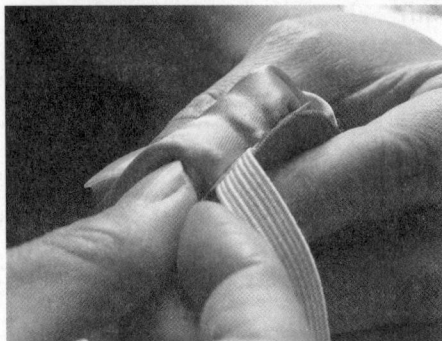

图2-2-12

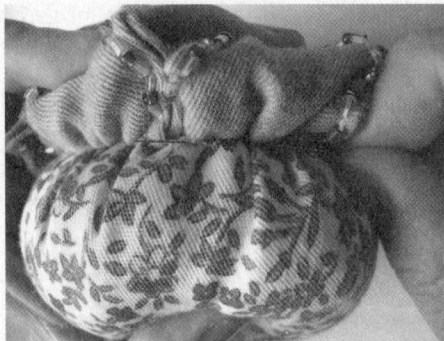

图2-2-13

（5）可用花边对针包的边缘作装饰，制作出个性化的针包，如图2-2-14（学生聂颖作业）、2-2-15（学生李丽云作业）、2-2-16（学生陈秋燕作业）、2-2-17（手指用针包，学生陈昭琼作业）所示。

图2-2-14

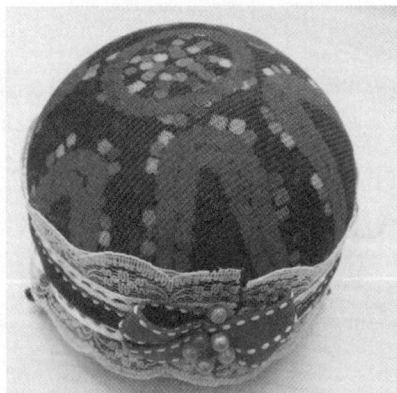

图2-2-15

图2-2-16

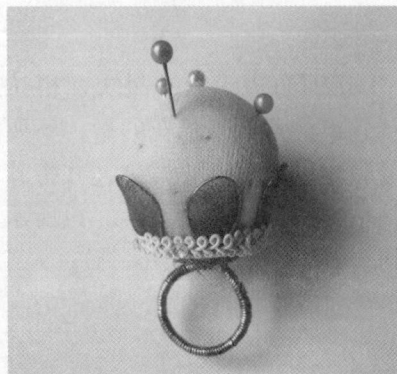

图2-2-17

第三节　立体裁剪的插针法

立体裁剪插针法的种类及命名没有统一的规定，但其操作方法是相同的。立体裁剪的插针法可分为六大类，各种针法的实践应用将在后面的章节里示范。

一、直插针法

直插针法是立体裁剪最基本的针法，如图2-3-1所示，也是立体裁剪操作中经常用到的针法，如图2-3-2（学生税聪作业）所示。

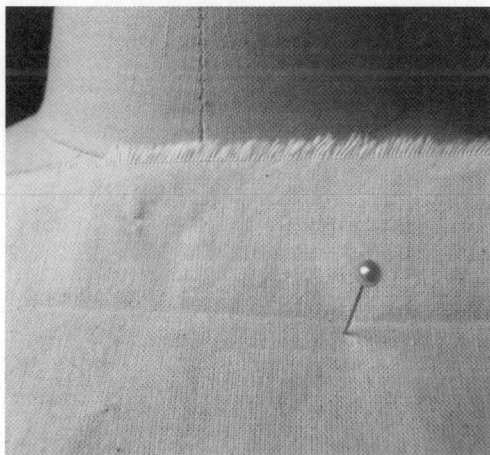

图2-3-1

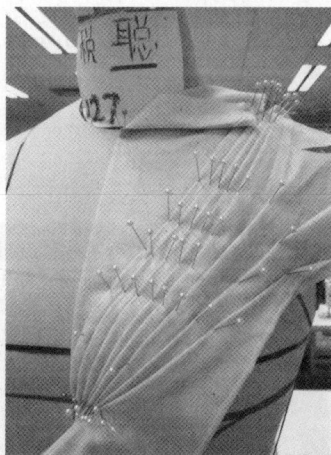

图2-3-2

二、V针法

V针，也称双针，如图2-3-3所示。这种插针法要注意的是两针成交叉，如图2-3-4所示，起到固定布料点的作用，这种针法一般用于固定点，如领窝点、胸高点等。

图2-3-3

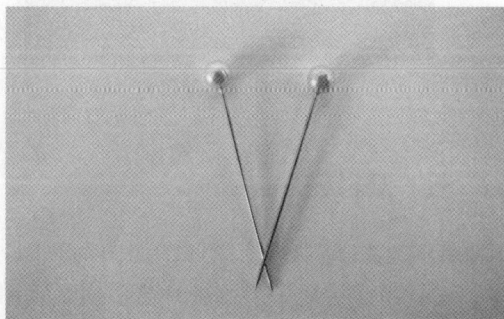

图2-3-4

三、缝合针法

缝合针法的作用是把两片布料缝在一起,如图2-3-5所示,这种针法一般用于褶的抓起缝合、袖底缝合等。

四、折叠针法

折叠针法多用于分割线的接驳组合,如图2-3-6所示,入针与分割线呈90°,插针时注意针头不能插入过长,只插少许,约0.3cm,若插针过长,则容易在后续的操作中刮伤手。入针时,挑接另一片布也不要太多。如图2-3-7(学生黄丽玲作业)所示,这是正确的插针方法。入针的角度也可以呈45°斜入,如图2-3-8所示。但整体用针方法必须统一,初学者以90°入针比较容易把握。

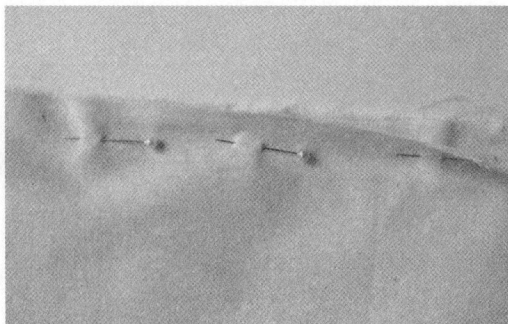

图2-3-5

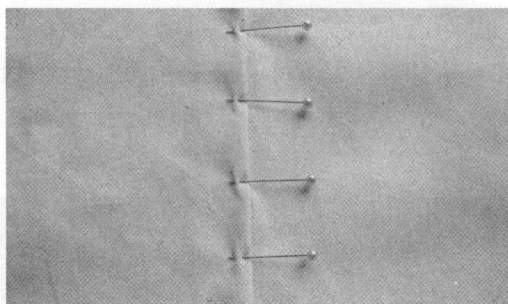

图2-3-6

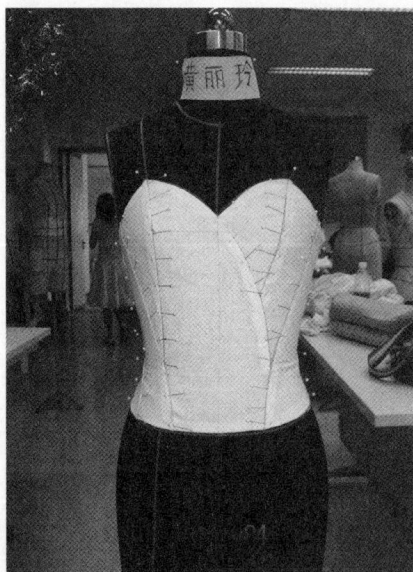

图2-3-7

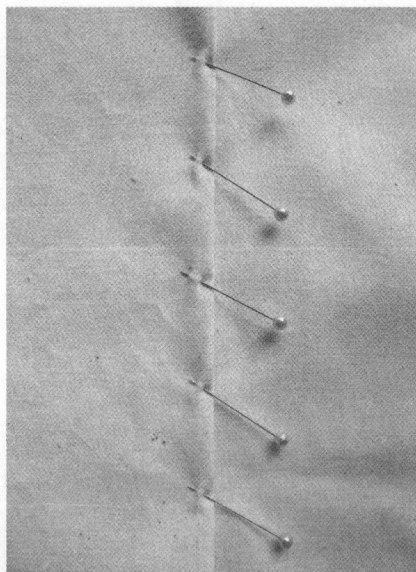

图2-3-8

五、潜针法

潜针,也称隐针或藏针,如图2-3-9、2-3-10所示,针插在布片与布片间的接驳边缘,把针潜在边缝中。这种针法多用于装袖子,如图2-3-11(学生黄丽玲作业)所示。

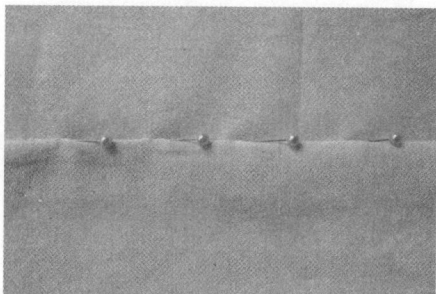

图2-3-9

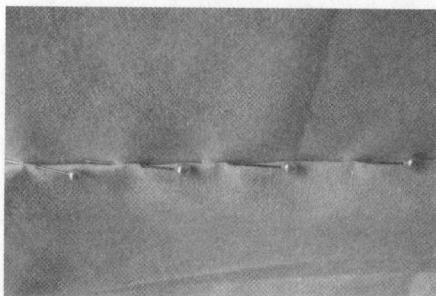

图2-3-10

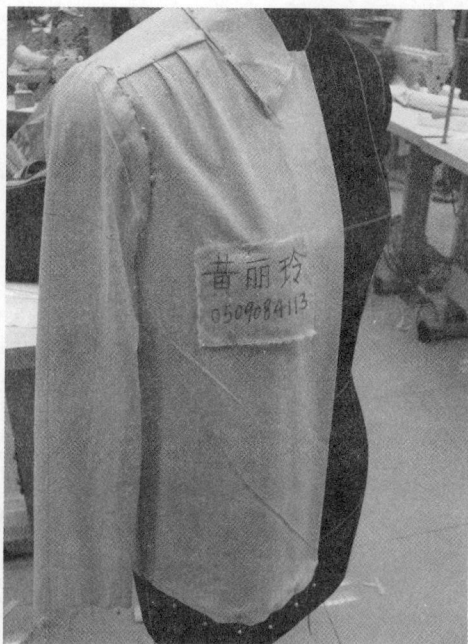

图2-3-11

六、平针法

平针法是非常简单而普通的针法，多用于布料接驳、缝合以及接裙、衣、裤脚等，如图2-3-12、2-3-13所示。

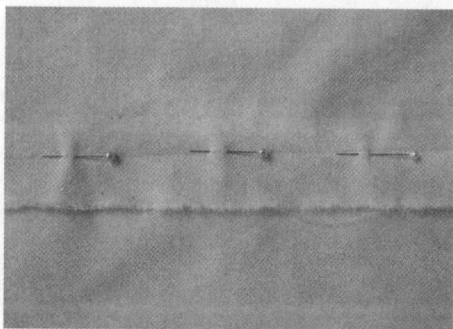

图2-3-12

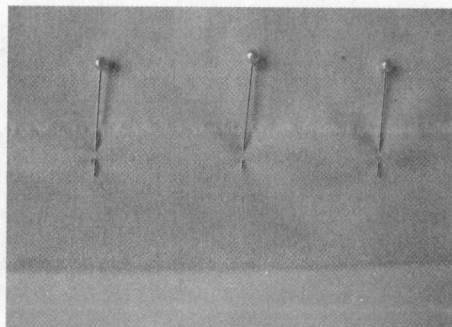

图2-3-13

立体裁剪操作并没有固定模式，无论哪种针法用于什么地方，都具有固定布料造型的作用，可由设计师自行运用。

思考练习题

制作1~2个有个性的针包。

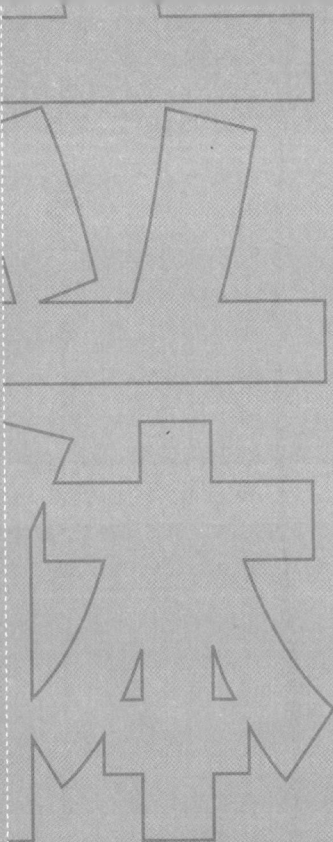

第三章　布料的整理

布料的整理在立体裁剪中所占的分量相当重，白坯布就好比雕塑所用的泥巴，用各种方法把白坯布塑造成设计师心目中理想的造型，而白坯布的各种纹向都有着各自的造型特色，因此，对白坯布纹向的把握是非常重要的。

第一节　布料的种类及纹向的造型特色

立体裁剪是用白坯布作材料进行操作的，因此，立体裁剪所采用的白坯布要选择与所代替的面料厚薄相同的白坯布种类。白坯布的种类相当丰富，如用于包装袋制作的白坯布、食品用的白坯布、家纺用品的白坯布等。立体裁剪一般采用的是平纹经纬纱线、纹路清晰的白坯布，经纬纱线由肉眼看应该是网状十字形结构，大致可分为厚类、适中类、薄类三种，初学者一般选用适中类白坯布。初学时由于不懂得选择，大多数学生都误用了斜纹类白坯布，斜纹类白坯布不利于布料的整理，一般立体裁剪都不建议使用。

白坯布的纹向对造型起关键作用，立体裁剪技术非常讲究横平竖直的鉴别标准。塑造造型时无论使用什么纹向的白坯布，其造型必须呈现一种稳定性。因此，立体裁剪技术不仅包含操作上的问题，还包含使用材料、技术处理等连锁反应的问题。

对白坯布的使用，是立体裁剪首先要考虑的因素，不同纹向的白坯布有着不同的造型特色。

一、经向用料的造型特色

经向是布料的主力结构线，拉力强、定型性较好、垂挂感强，经向是用料量的最主要参考数据。人们所指的用料量长度一般是指经向长度的用量，经向用料最大的特色是节奏平整、稳定。

大多数上衣使用经向，造型比较稳定，长度垂感好，如图3-1-1（学生刘翠琼作业）、3-1-2（学生石璇作业）所示。

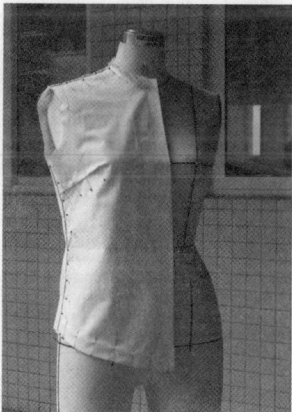

图3-1-1

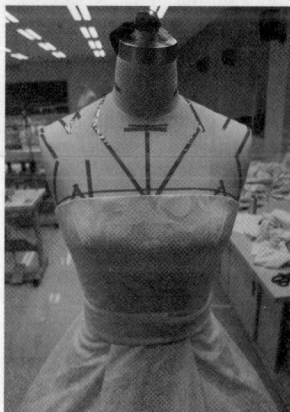

图3-1-2

    裙子取经向比较平整，有节奏，定型好，如图3-1-3（学生周丽莉作业）、3-1-4（学生周立华作业）所示。

图3-1-3

图3-1-4

    经向布纹可用作装饰或肌理，表现出丰富的节奏感，在造型时有一定的支撑力，如图3-1-5（学生洪洁敏作业）、3-1-6（学生李丽云作业）所示。

图3-1-5

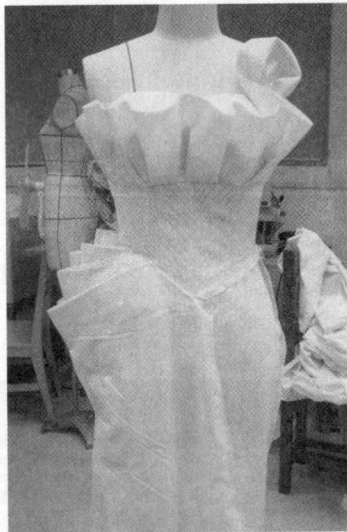

图3-1-6

二、纬向用料的造型特色

    纬向是布料的横向结构线，拉伸差相比经向要大，拉伸变形后不易回复原来的形状。纬向用料最大的特色是其垂感，呈横向波浪形，假如面料图案有一定的相应性，再配合横向波浪的造型则是非常有特色的。

如图3-1-7（学生简玉华作业）所示，纬向用料作装饰的造型。

如图3-1-8（学生杨书婷作业）所示，纬向用料加强裙摆的造型。

图3-1-7

图3-1-8

如图3-1-9、3-1-10（学生黄雁针作业）所示，纬向用料利用花式配合裙的造型。

图3-1-9

图3-1-10

纬向用料相对经向用料比较少使用，在立体裁剪中，纬向用料多因特殊造型的需要才有意地使用。纬向用料的不足之处是拉长后或变形后难以回复原来的造型，这一点在立体裁剪中必须要注意。

三、斜向用料的造型特色

在用料中，把布料倾斜45°作经向使用，叫斜向用料。在立体裁剪中，斜向用料非常广泛，其拉伸差是三种布纹方向中最大的，但其回复性比以上两种都要好，其造型的最大特色是显示一种柔软感、节奏感及一种自然的韵味。世界上很多著名的设计大师都喜欢使用斜裁法。斜裁法的最大特点是取面料斜向，通过分割线把省道巧妙地处理在面料与分割线中。如图3-1-11所示，这是英国设计师约翰·加里亚诺（John Galliano）为迪奥（Christian Dior）高级女装所创作的作品。

如图3-1-12［迪奥"蝴蝶夫人"（2007）］所示，斜向用料塑造自然的波浪。

图3-1-11

图3-1-12

如图3-1-13（学生聂颖作业）所示，斜向用料使下摆泛起有序的褶皱。

图3-1-13

如图3-1-14（学生谢汝帮作业）所示，重复斜向用料表现出服饰的动感韵味。

如图3-1-15、3-1-16（学生付盼盼作业）所示，斜向用料作装饰结，柔软而流畅。

图3-1-14　　　　　　　　图3-1-15　　　　　　　　图3-1-16

如图3-1-17（学生黄静思作业）所示，斜向用料使裙褶皱更优美。

如图3-1-18（学生黄静思作业）所示，斜向用料使圆形转折更圆顺、贴合。

如图3-1-19（学生叶文丽作业）所示，斜向用料使波浪造型更均匀。

 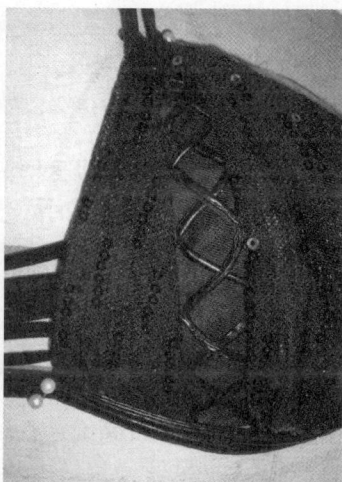 

图3-1-17　　　　　　　　图3-1-18　　　　　　　　图3-1-19

如图3-1-20（学生王天石作业）所示，斜向用料使造型更显露垂挂自然的波浪。

如图3-1-21（学生李志开作业）所示，下摆宽度超出了直纹向，使得宽阔的裙摆边成斜纹向，显得更加飘逸与动情。

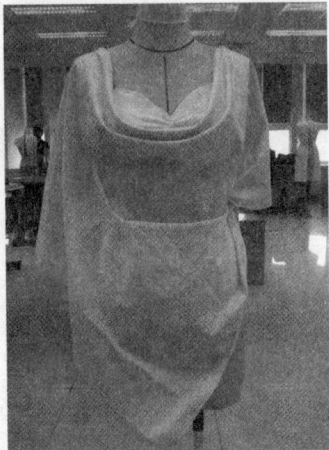

图3-1-20

图3-1-21

布料纹向的选用在立体裁剪中相当重要，它直接关系到造型的感觉与整体的表达，多加操作和实践是最好的学习方式。对于初学者来说，局部造型的塑造练习是十分必要的。

第二节　用料及整理的方法

一、用料的预算

根据设计感觉和造型需要，在确定使用布料的纹向后，需量度要立体裁剪的衣片的长度和宽度，在量度时必须取衣片造型的最长点和最宽点，如图3-2-1所示。在做前侧用料量度时，必须从这个裁片造型的最宽点取数据。在量完需要操作的衣片的长度与宽度后，按原来实际尺寸加上缝口量和造型设计预算，一般取10cm，但对涉及加宽量及褶皱量造型的衣片就必须由造型的放宽预量来确定，这将在以下章节实例操作中示范。

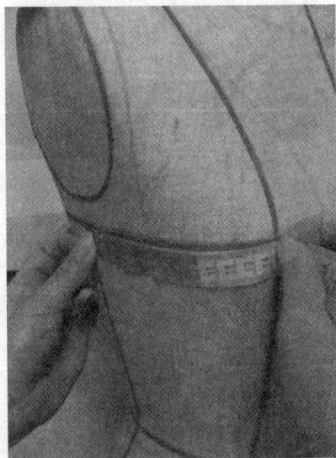

图3-2-1

二、布料的接拼

在立体裁剪操作过程中，很可能会出现原来的预算用量少了，或者操作失误剪错。在这种情况下，在不影响造型判断的前提下，可以采取补救措施，即用平针接拼布料或折叠接拼布料方法。一般采用平针接拼方法，如图3-2-2所示；也可以采用折叠接拼方法，如图3-2-3（学生李敏斌作业）所示。接拼布料的纹向必须与原来所用布料的纹向相同，当然，应尽量减少接拼布料的次数，因为接拼布料对造型的判断多少会有影响。

图3-2-2

图3-2-3

三、整理布料的方法

（1）除去布边：先撕去布边，因为布边拉紧了布料的结构，对整理布料纹向有阻碍，因此在立体裁剪中应该除去布边，如图3-2-4所示。

（2）截取布料：量度需要使用的布料长度或宽度，用剪刀打剪口作记号，如图3-2-5所示；然后用手撕开，不能用剪刀去截取布料，如图3-2-6所示；截断布料后，要在原来以及取下来的布料边打上经纬向的指示记号，如图3-2-7所示，这样方便继续使

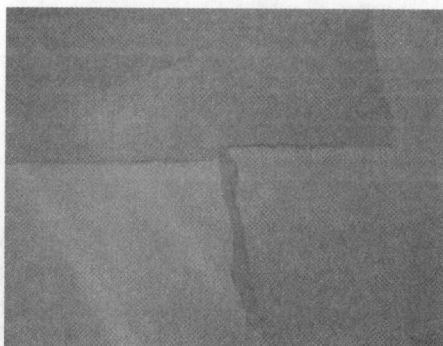

图3-2-4

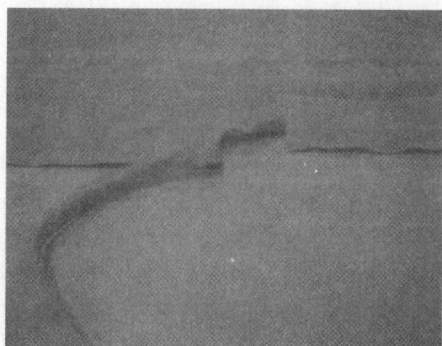

图3-2-5

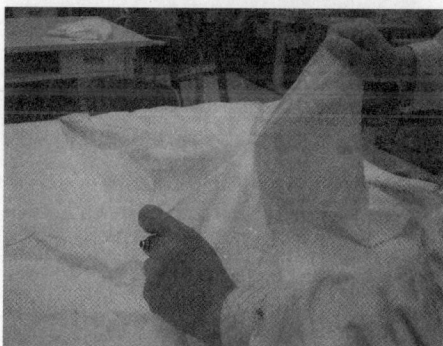

图3-2-6

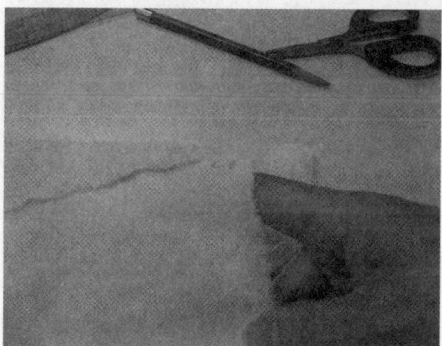

图3-2-7

用时布料纹向的辨别。

（3）熨烫前布料拉伸准备：把布料摆平，按布料铺平后斜向的反方向拉伸，如图 3-2-8、3-2-9所示，然后再用熨斗整理，如图3-2-10所示。

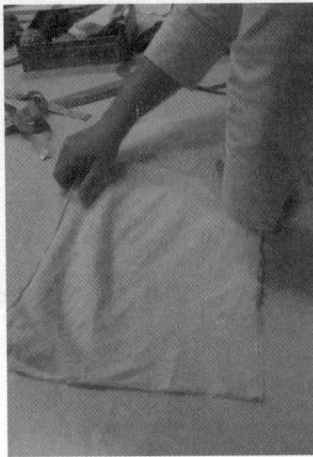
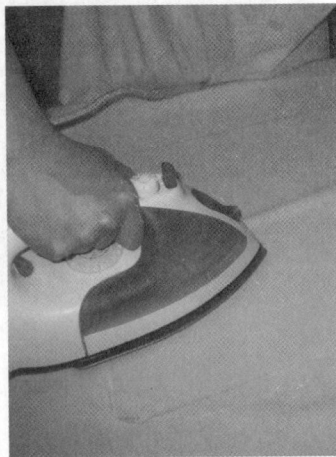

图3-2-8　　　　　　　　　　图3-2-9　　　　　　　　　　图3-2-10

（4）白坯布熨烫方法：白坯布一般都用浆来固定布料的造型，因此整理白坯布时不能加水，只能用微量喷冒的蒸汽，因为白坯布在湿水后会使布料上的浆溶化，造成布料变硬而不能在立体裁剪中使用。另外，熨斗温度可以稍高些，但要在熨烫操作中不停地移动，不能在同一处停留太长时间，由于布料上有浆，很容易造成烫糊而发黄甚至燃烧，这是初学者经常犯的错误。

（5）整理好的布料可以用抽纱的方法，检查是否对齐经纬向，如图3-2-11所示，也可以用针画线方法来检查整理好的布料，如图3-2-12所示。

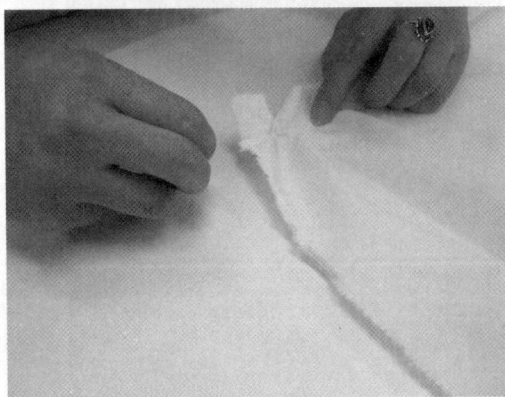
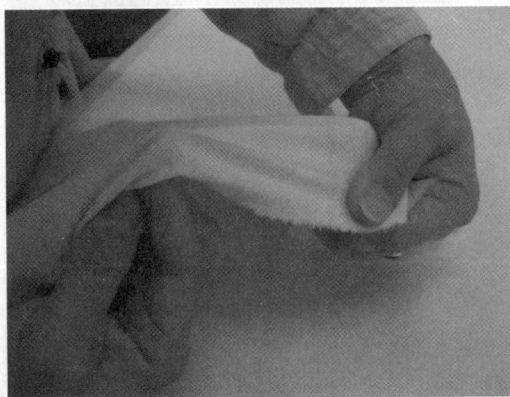

图3-2-11　　　　　　　　　　　　　图3-2-12

思考练习题

阅读、分析大师的作品，选择需要用的白坯布种类，尝试经、纬、斜向的造型方法。

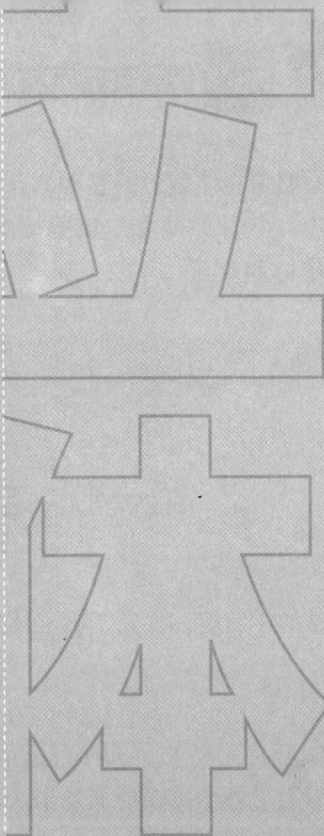

服装立体裁剪技术实验教程

第四章　上衣原型的立体裁剪技术

上衣原型是立体裁剪的基础，很多操作技术和造型方法都包含在原型的造型中，在学习过程中，掌握原型立体裁剪技术非常重要。因此，上衣原型的立体裁剪是这门课程教学的核心和重点，不仅教师要示范，学生也必须在课堂上操作完成，不要求课外作业。

第一节　立体裁剪的基本步骤

在原型的学习前，要先了解立体裁剪所包括的基本步骤。

一、补型

按照体型尺寸要求，选择合适的人台模特，其中某些部位尺寸可能存在轻微的差量，这可以通过补型（在后面章节中将详细论述）的方法解决。最常见的补型方法是补胸、补胯和补肩等。

二、粘贴设计辅助带

按照设计图要求，粘贴设计辅助带，要注意造型判断的准确性、比例，如图4-1-1、4-1-2（学生刘嘉雯作业）所示。

图4-1-1

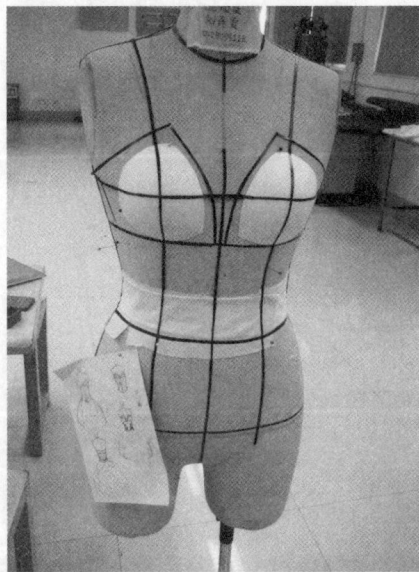

图4-1-2

三、备布

预测需要立体裁剪的部位用料的大小，整理布料，通过人体测量得到几个主要部位的尺寸，并根据这些尺寸预先画出衣片大形，如图4-1-3、4-1-4所示。在以下章节中将就多个部位裁片的预测作示范。

图4-1-3

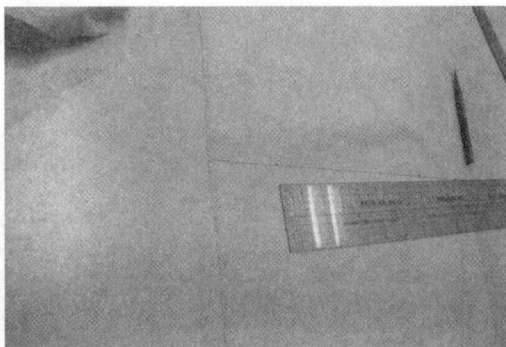

图4-1-4

四、衣片的立体裁剪操作

如图4-1-5（学生黄淑琪作业）、4-1-6（学生黄淑琪作业）、4-1-7（学生刘嘉雯作业）、4-1-8（学生谢汝帮作业）所示。

图4-1-5

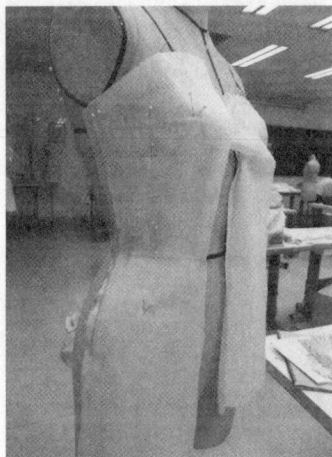

图4-1-6

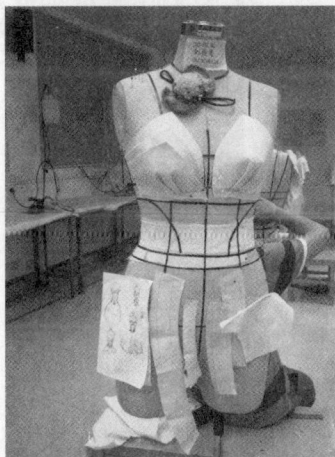

图4-1-7

图4-1-8

五、作记号

在各个裁片的转折点用十字作记号，其他线段可以用点先作记号，褶及分割线用针定位，如图4-1-9、4-1-10所示。

图4-1-9

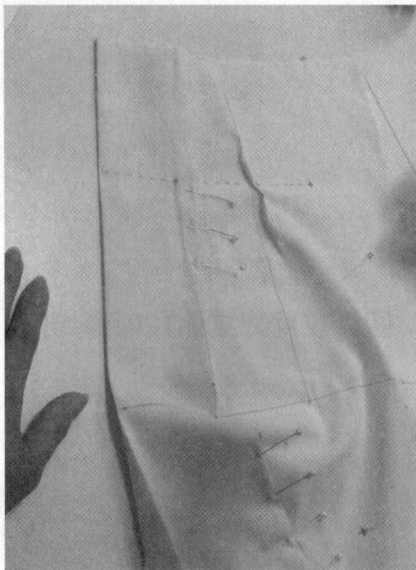

图4-1-10

六、检查及校对

反复检查并修改，包括前后片对位、其他细部的造型设计等，如图4-1-11（学生刘嘉雯作业）所示。

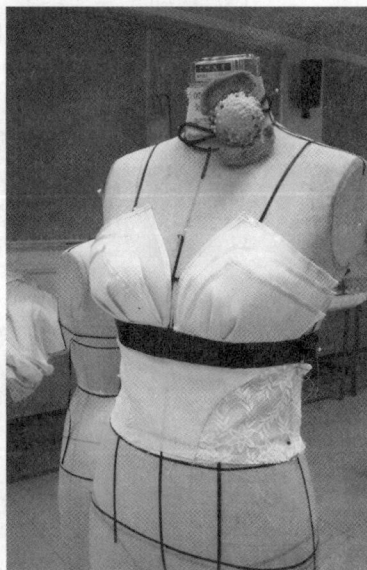

图4-1-11

七、完成的调整及配饰

如图4-1-12（学生赵芳作业）、4-1-13（学生刘翠琼作业）、4-1-14（学生陈金生作业）、4-1-15（学生王大恺作业）所示。

图4-1-12　　　　　　图4-1-13　　　　　　图4-1-14　　　　　　图4-1-15

八、脱样

把裁片造型转化为纸样，或转裁到真正的面料上。脱样将在本章第五节中详细论述。

九、制作

在教学中，强调由学生亲手完成，礼服的设计是在不断的制作及修改过程中得到经验的。

十、展示效果

如图4-1-16、4-1-17（学生李敏斌作业），图4-1-18、4-1-19（学生刘嘉雯作业）所示。

图4-1-16　　　　　　　　　　　　　　图4-1-17

图4-1-18

图4-1-19

第二节　上衣原型前片的操作示范

　　原型的立体裁剪涵盖了立体裁剪技术的很大部分，因此，详尽的原型操作学习是掌握立体裁剪技术的基础。在本节中，将详细而全面地讲述原型，同时在本章以下节中将省略与本节技术相同的步骤。

　　本节教学示范：胡大芬副教授；拍摄：黄怡同学。

一、操作前的准备

1. 操作前标志线的粘贴准备

注意标志线必须取水平向，如图4-2-1、4-2-2、4-2-3所示。

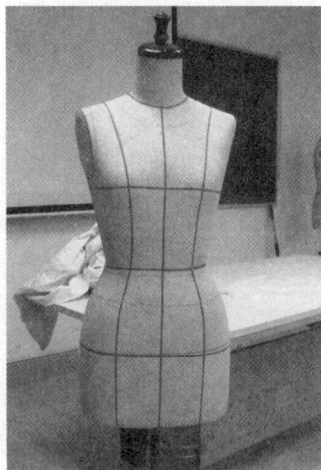

图4-2-1

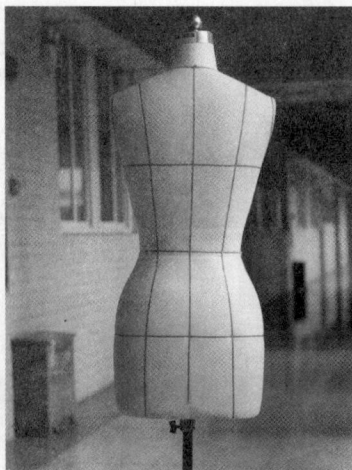

图4-2-2

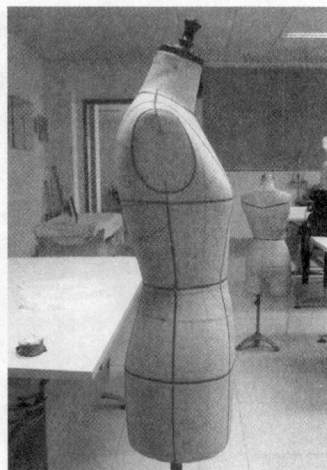

图4-2-3

2. 备布

（1）长度：从人台模特颈顶点到腰围线长度加10cm，如图4-2-4所示。

（2）宽度：从胸中点量至后胸围加10cm，如图4-2-5所示。

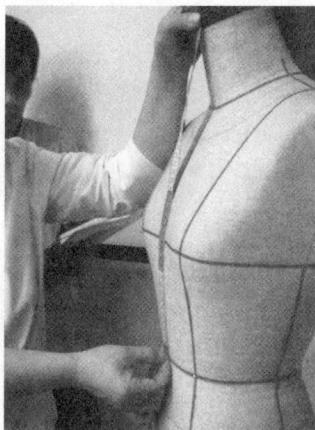

图4-2-4

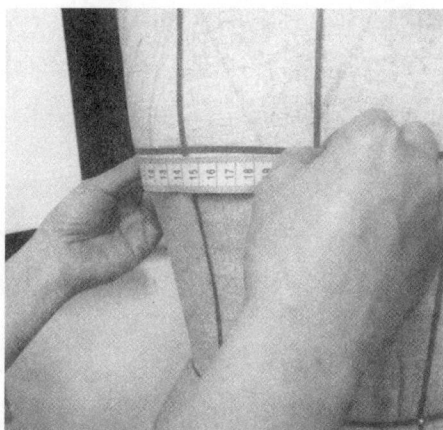

图4-2-5

3. 布料整理（备布阶段）

在前中接叠2.5cm，如图4-2-6、4-2-7所示。

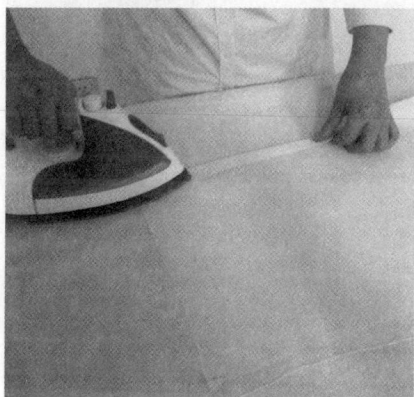

图4-2-6

图4-2-7

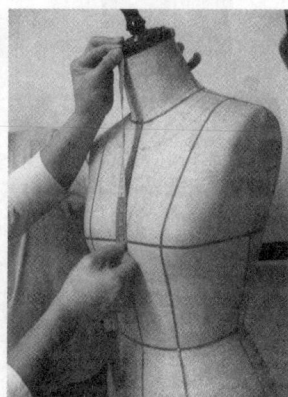

图4-2-8

4. 预画线作形（备布阶段）

（1）画长度：从人台模特颈顶端量至胸围线，如图4-2-8所示。

（2）取宽度：在胸围线上取胸高点，再从胸高点量至前胸围线侧点，如图4-2-9、4-2-10所示。

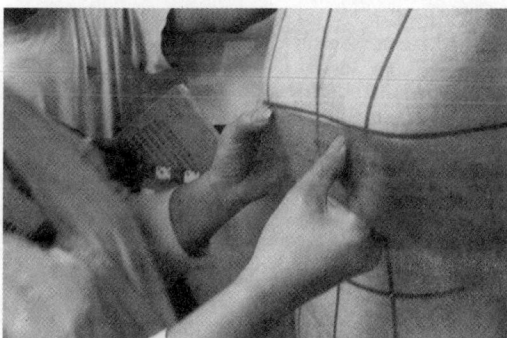

图4-2-9

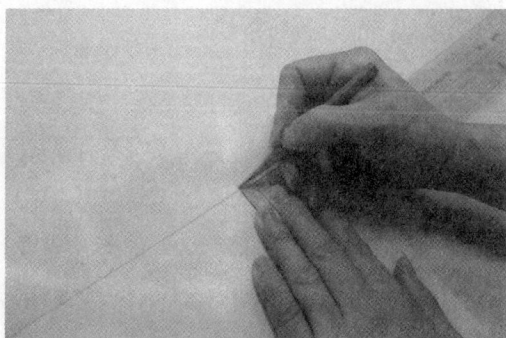

图4-2-10

（3）取前胸围点：从胸高点量至前胸围加0.3cm的松量，如图4-2-11、4-2-12所示。可在胸围点基础上预留1.3cm的松量作记号点。

（4）在胸高点到胸围点的1/2处画一条垂直线（前区间线），如图4-2-13所示。

（5）在胸高点垂直画一条直线，如图4-2-14所示。

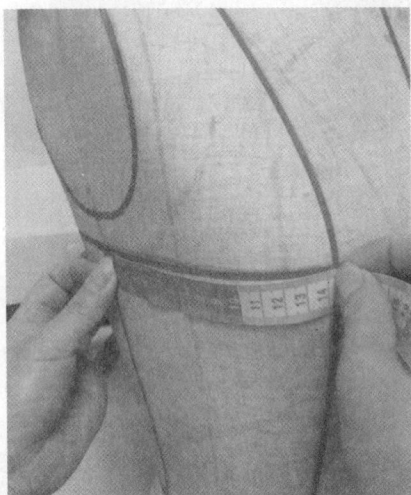

图4-2-11

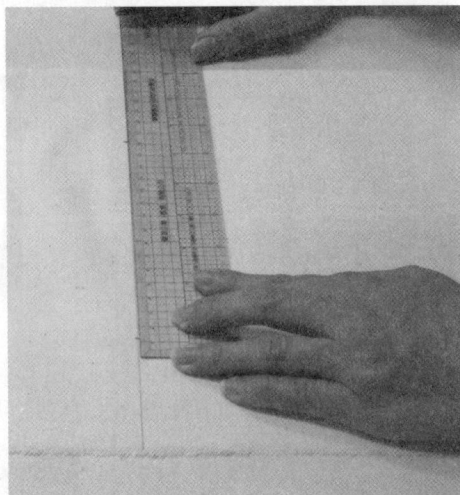

图4-2-12

图4-2-13

图4-2-14

至此，前片备布阶段结束。

二、操作

（1）用V针固定胸高点，需特别注意布料经纬向是否对齐，如图4-2-15、4-2-16所示。

（2）用V针固定前颈窝中点，在对齐经向布料时，要注意留出前胸高的厚度，绝对不能把布料拉紧，如图4-2-17、4-2-18所示。

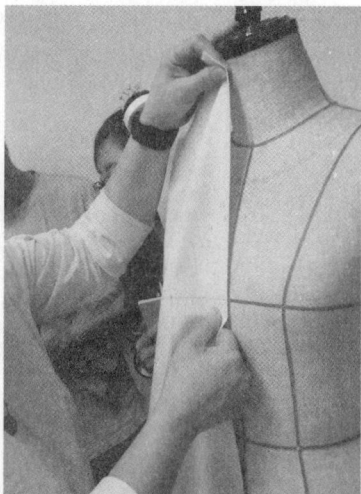

图4-2-15

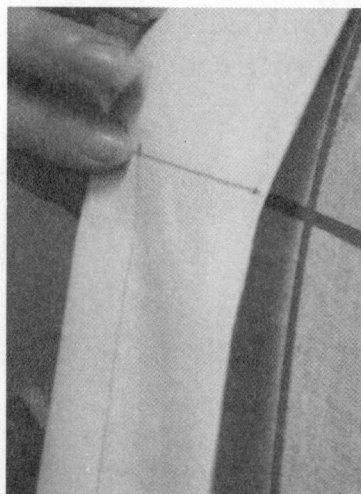

图4-2-16

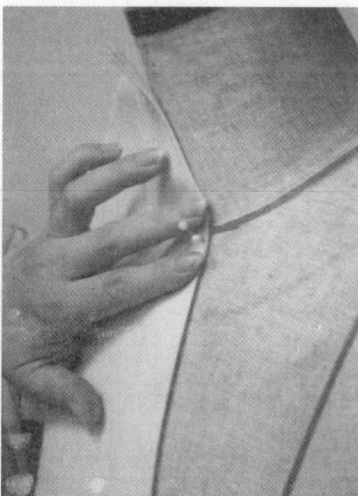

图4-2-17

图4-2-18

（3）用V针固定前中腰围点，同样也要保留前胸高的厚度。

（4）用直插针固定前胸围点（从胸高点量至前胸围加0.3cm松量的点），0.3cm的松量平均分配在胸高点至前胸围点之间，如图4-2-19、4-2-20所示。

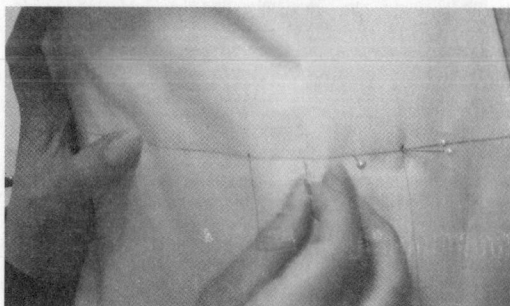

图4-2-19

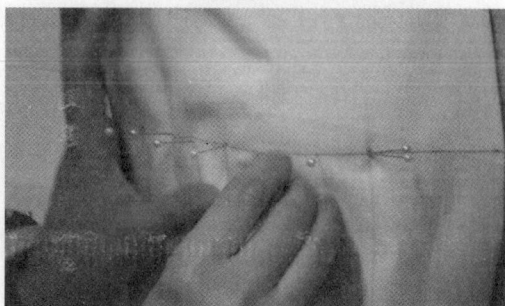

图4-2-20

（5）沿前区间线向下垂直理顺，用手将胸高点垂直线折叠成直线，如图4-2-21所示；用V针固定腰点，如图4-2-22所示；沿着这条线把腰围线以下剪开到离腰围线1.5cm的点，如图4-2-23所示。

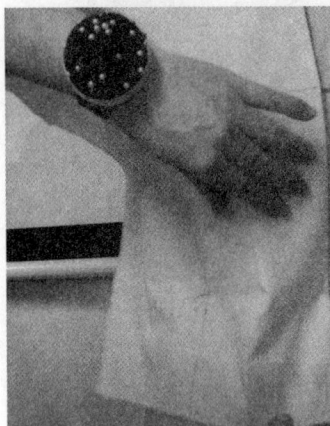 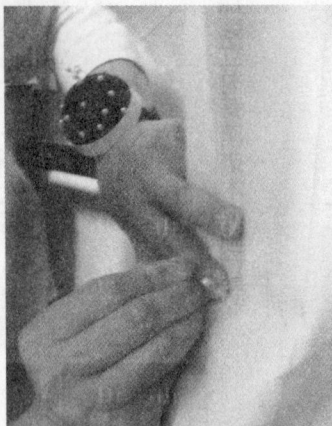 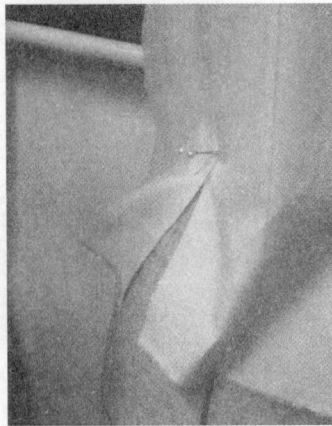

图4-2-21　　　　　　　　　图4-2-22　　　　　　　　　图4-2-23

（6）折叠前褶：对准胸高点，以这条垂直线为中心向胸高点折褶，如图4-2-24、4-2-25所示。

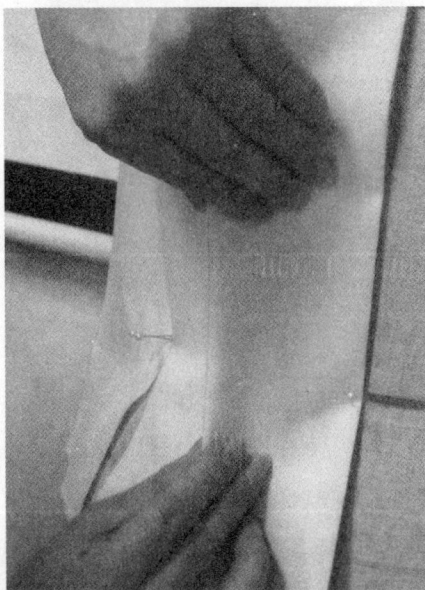 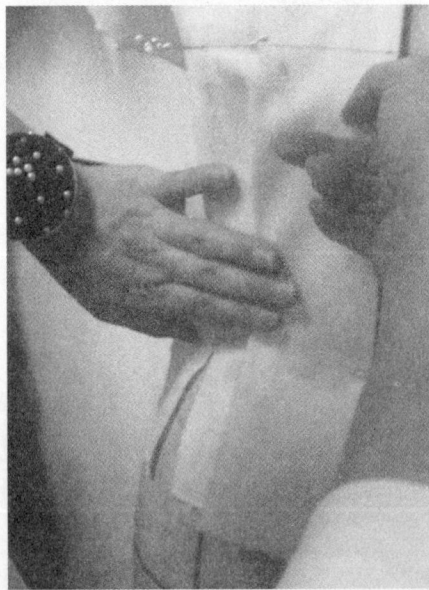

图4-2-24　　　　　　　　　　　　　　图4-2-25

在离开胸高点3cm处用交叉针法确定褶尖点，如图4-2-26、4-2-27所示，再用缝合针法预确定褶量，如图4-2-28所示。

（7）预留腰松量：在腰区间线靠后侧约2cm处挑起0.3cm作腰松量的预留，因为刚好这个位置也是人体腰部往里凹之处，所以应该留出这些松量，如图4-2-29、4-2-30、4-2-31所示。

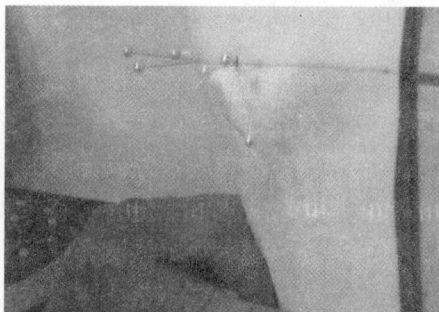

图4-2-26

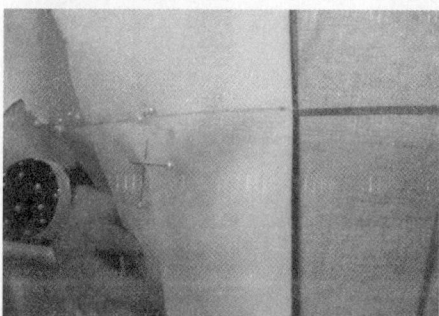

图4-2-27

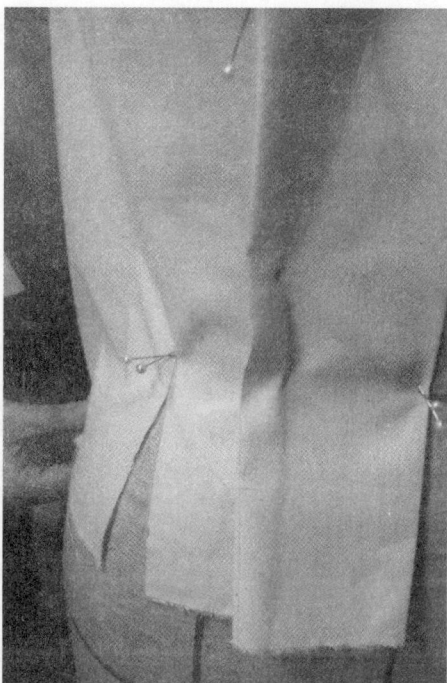

图4-2-28

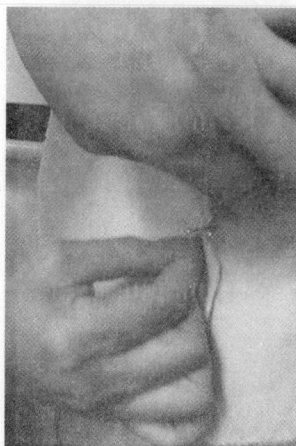

图4-2-29

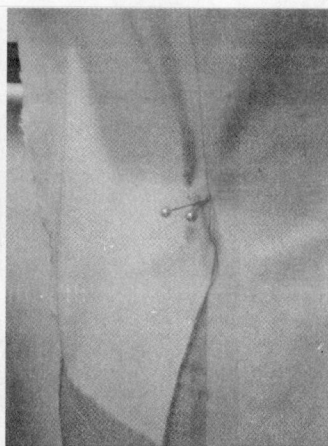

图4-2-30

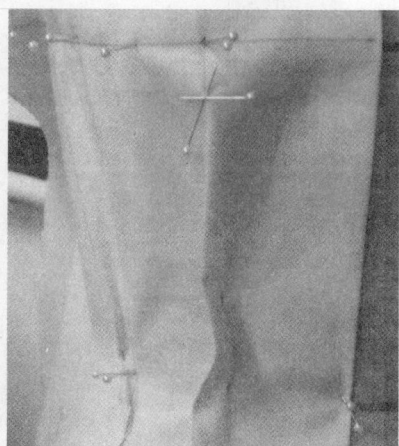

图4-2-31

（8）确定前腰点：前衣片自然往下垂平，并用V针固定前侧腰点，如图4-2-32、4-2-33所示。

（9）确定前胸围点：用V针或直插针固定备布时所确定的前胸围点，如图4-2-34、4-2-35所示。

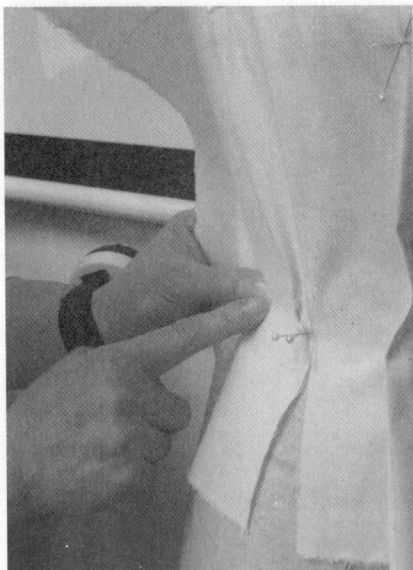

图4-2-32

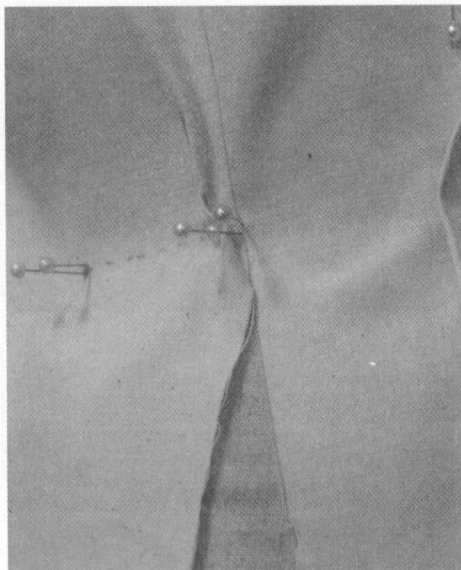

图4-2-33

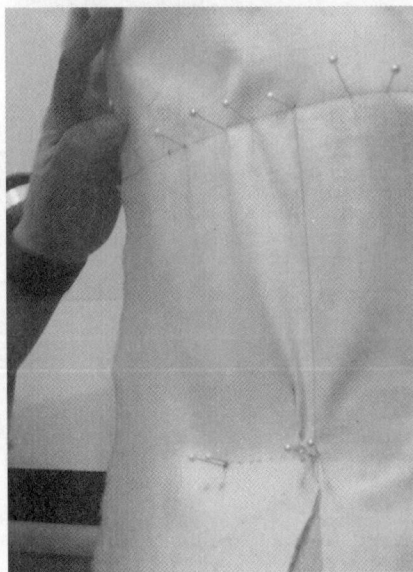

图4-2-34

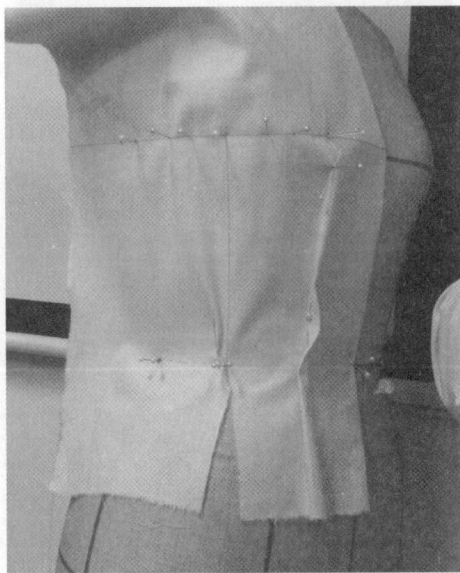

图4-2-35

（10）铺平、固定前领窝：在铺平前领窝时，一定要注意前胸高的凸量，如图4-2-36所示；需要预修剪一部分的领窝多余量，切勿剪得过深，可以用直插针固定或用笔点作记号，如图4-2-37所示；用V针固定前片颈肩点，如图4-2-38所示。

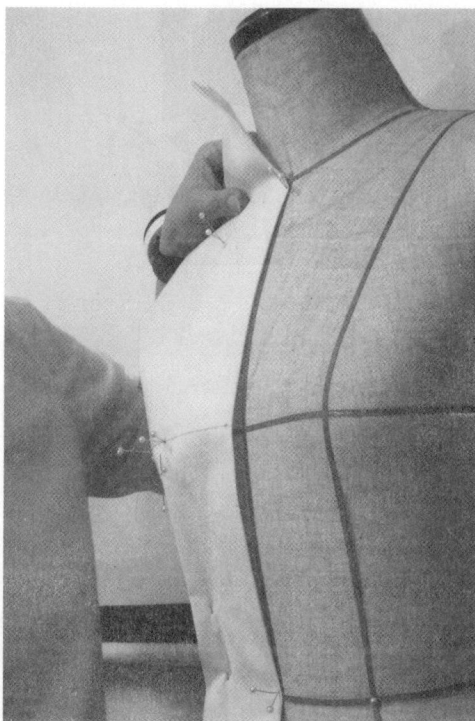

图4-2-36

图4-2-37

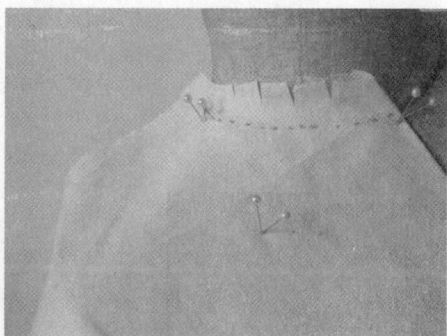

图4-2-38

（11）折叠肩胸褶：用手折叠肩胸褶来清除胸围线平行后的多余量，如图4-2-39、4-2-40所示。在离胸高点约3cm处作褶尖记号，铺平肩胸褶，如图4-2-41所示，褶的着落位置应该在公主线上。

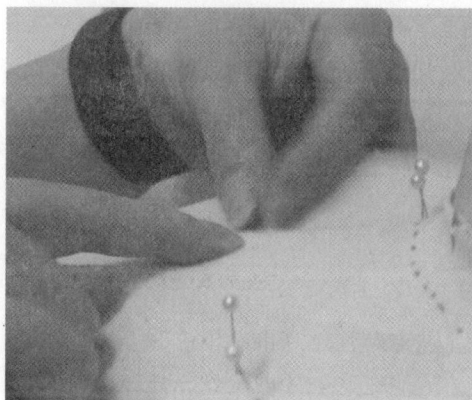

图4-2-39

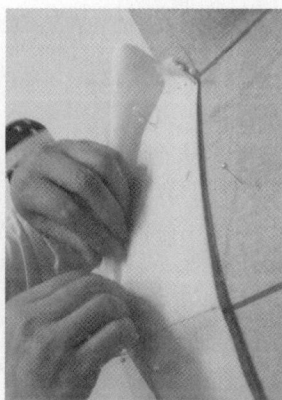

图4-2-40

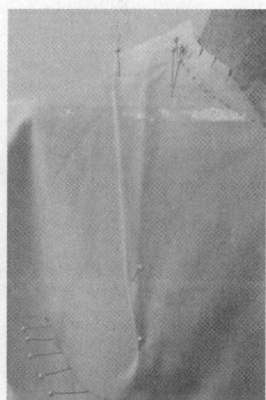

图4-2-41

（12）作记号：

①裁片的转折点及重要记号点要统一用十字符号标示，如图4-2-42所示。从颈肩点开始，用虚线作记号，褶的位置底和面都要画线，如图4-2-43、4-2-44所示；肩端点用十字作记号。

图4-2-42

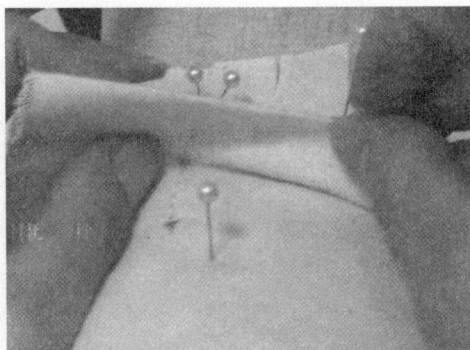

图4-2-43

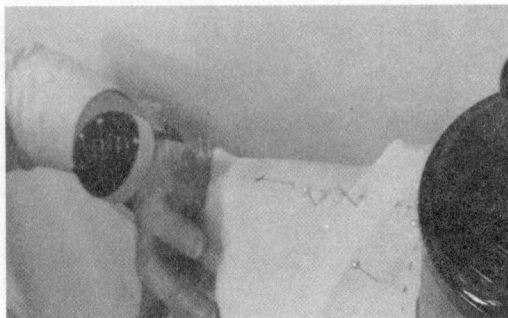

图4-2-44

②前夹圈线从肩端点开始至前胸宽点，在前胸宽点作十字记号，如图4-2-45、4-2-46所示。前夹圈线下部分暂时不需要画，但要确定夹圈深点，在此前粘贴的夹圈标志线是实际人体手臂根线，因此，在确定这个夹圈深点时必须要加上一定的活动量，约2cm，当然这个数据是可以自如调整的。

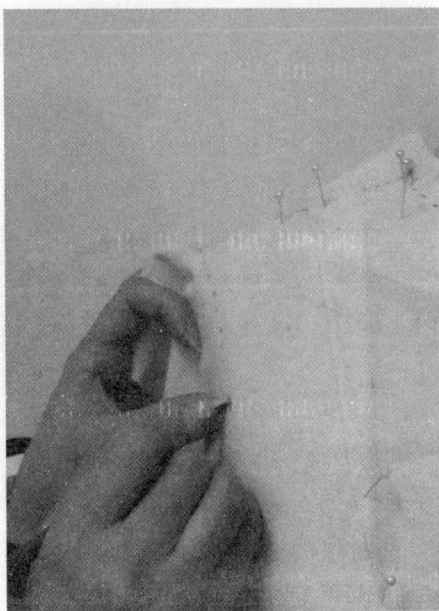

图4-2-45

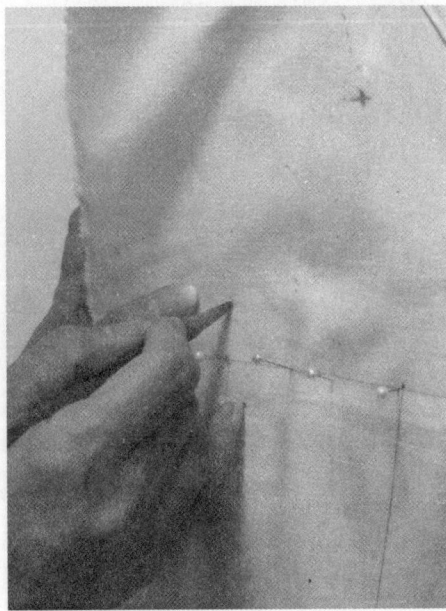

图4-2-46

③前腰线的记号从前中线开始，胸腰褶的位置底和面也需要作记号，如图4-2-47、4-2-48、4-2-49所示。

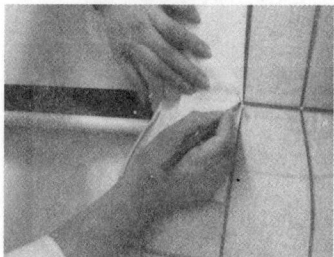

图4-2-47

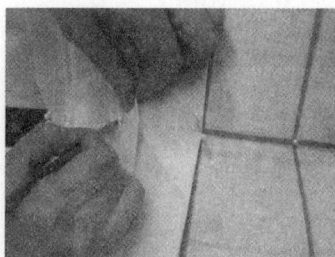

图4-2-48

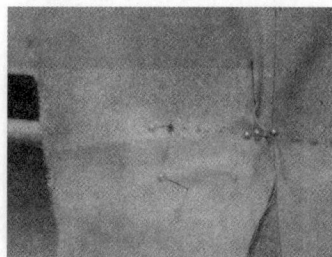

图4-2-49

（13）画出裁片的基本轮廓：把衣片上的针拆下，但要保留胸褶尖点的记号针、褶量记号针、腰松量的挑针。

①按原来做好的褶折痕画肩胸褶，注意褶量的两边相等，并从褶尖开始用折叠针法固定这个肩胸褶，如图4-2-50、4-2-51、4-2-52、4-2-53、4-2-54所示。

图4-2-50

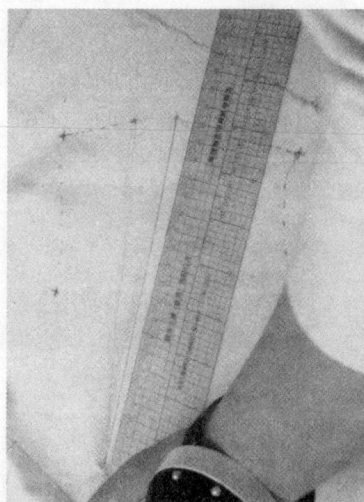

图4-2-51

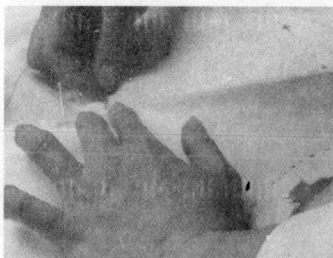

图4-2-52

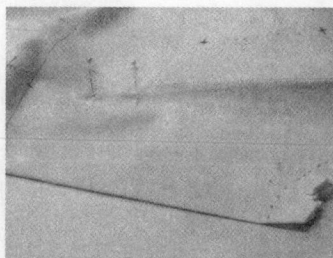

图4-2-53

图4-2-54

按照同样的操作方法，完成腰褶，如图4-2-55、4-2-56、4-2-57、4-2-58、4-2-59所示。

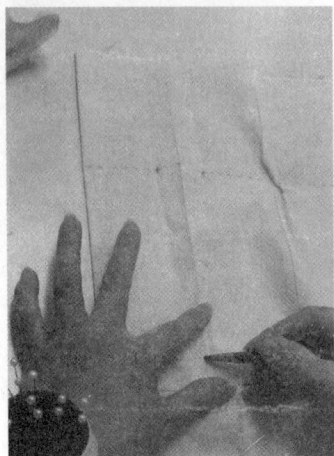

图4-2-55

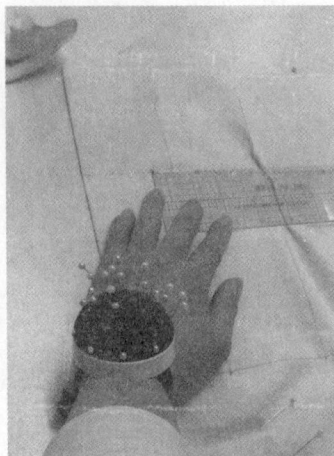

图4-2-56

图4-2-57

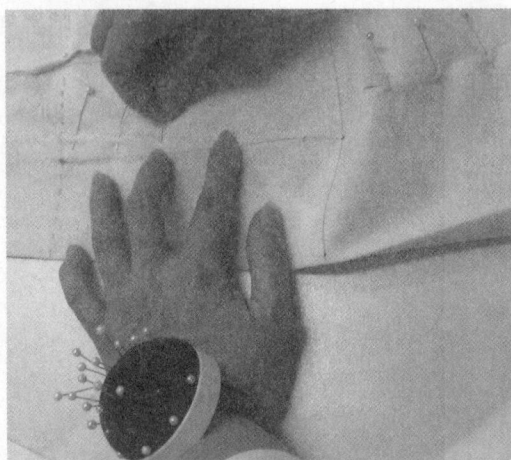

图4-2-58

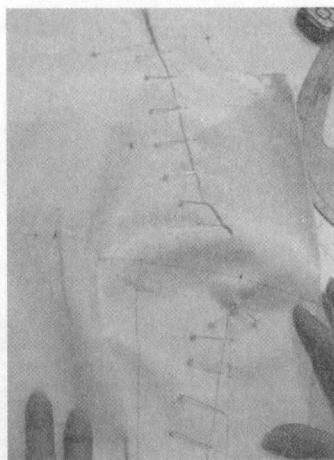

图4-2-59

②用6字弧线尺辅助圆顺前领窝，如图4-2-60所示。

③用6字弧线尺辅助画前肩线，注意使用尺子的方法，如图4-2-61、4-2-62所示。

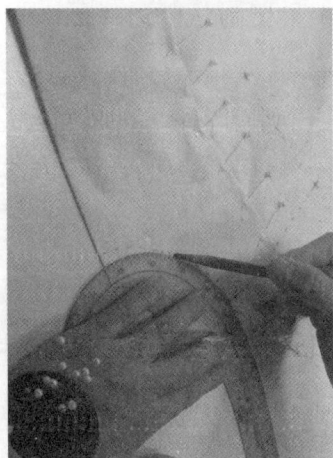

图4-2-60

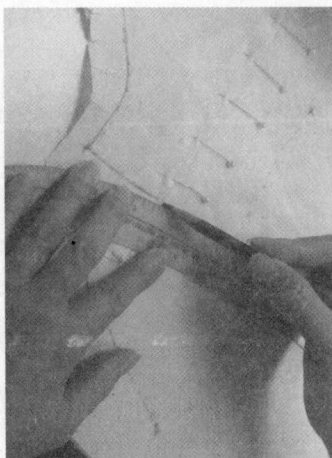

图4-2-61

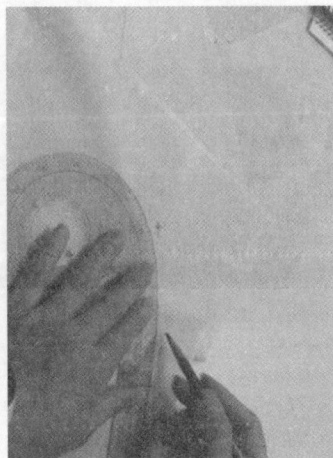

图4-2-62

④在前胸宽点放宽0.3cm的松量，用6字弧线尺辅助画前夹圈线的上半部，如图4-2-63所示。

⑤用直尺连接前胸围点，如图4-2-64所示；用直尺连接前胸围点的放松量点，如图4-2-65所示。

⑥用6字弧线尺辅助画前夹圈线的下半部，如图4-2-66所示。

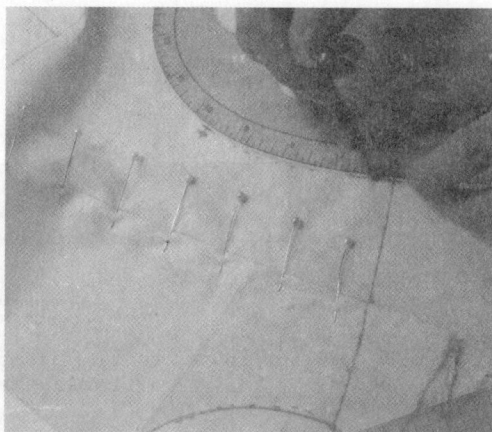

图4-2-63

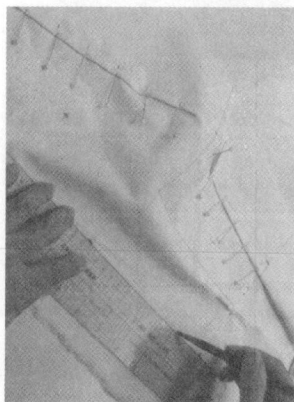
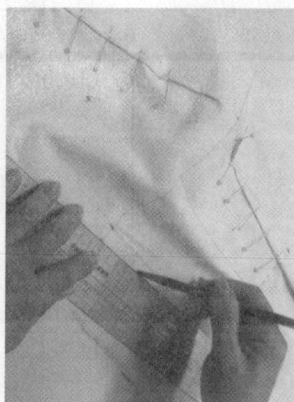
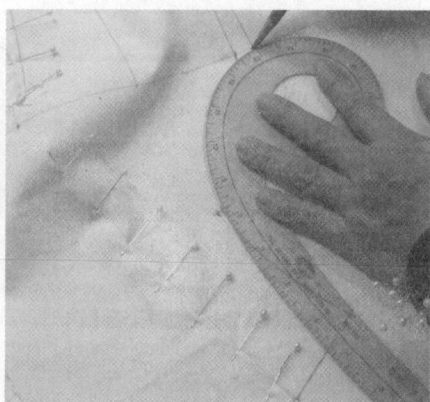

图4-2-64　　　　　　　图4-2-65　　　　　　　图4-2-66

⑦用6字弧线尺辅助画前腰围线，如图4-2-67、4-2-68所示。

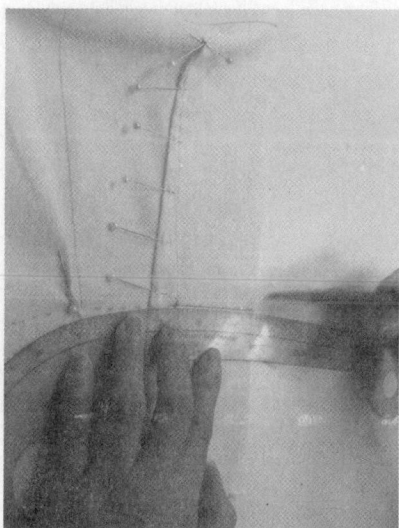
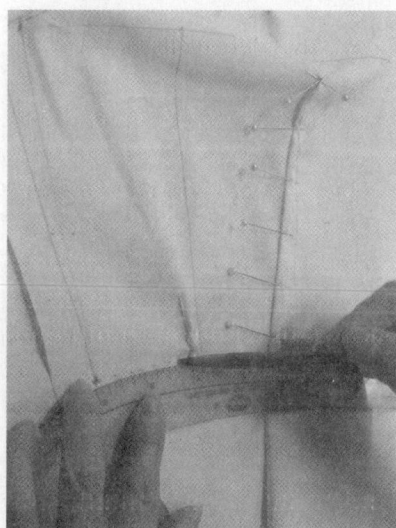

图4-2-67　　　　　　　　　　　　图4-2-68

（14）修剪及留缝口：

①修剪前领窝线，留缝口1.2cm，如图4-2-69所示。

②修剪前肩线，留缝口2.5cm，如图4-2-70所示。

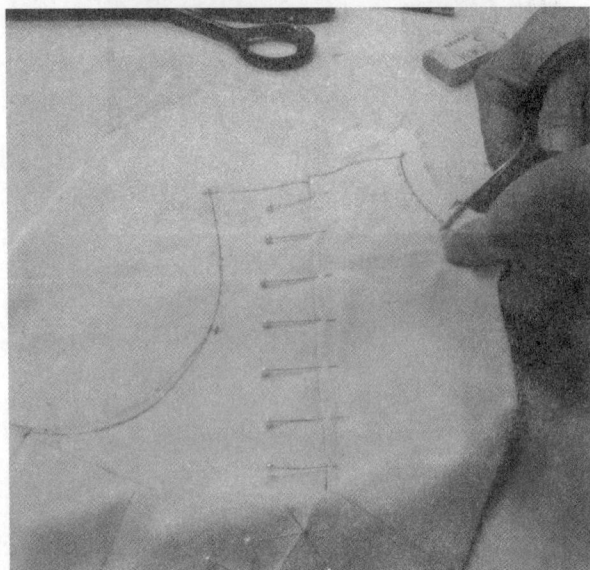

图4-2-69

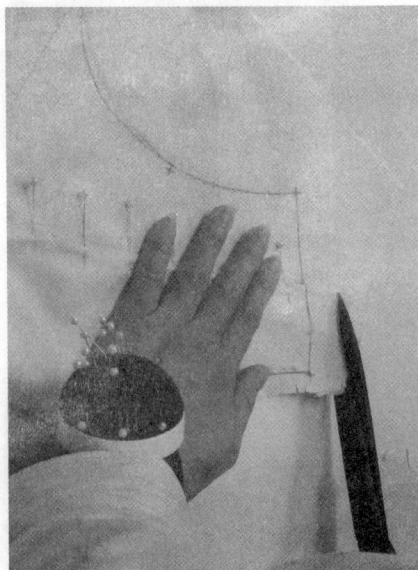

图4-2-70

③修剪前夹圈线，留缝口1.2cm，并在缝口上打剪口，使夹圈线的转折比较顺畅，如图4-2-71、4-2-72所示。

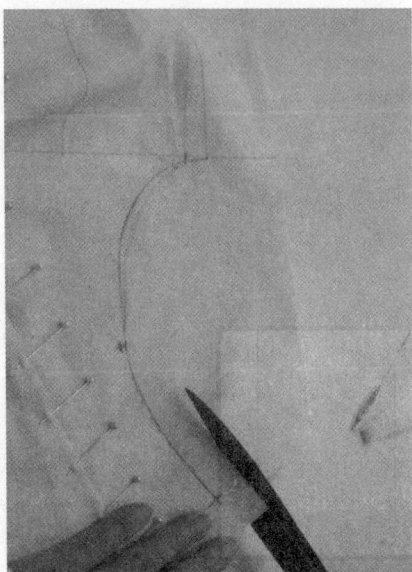

图4-2-71

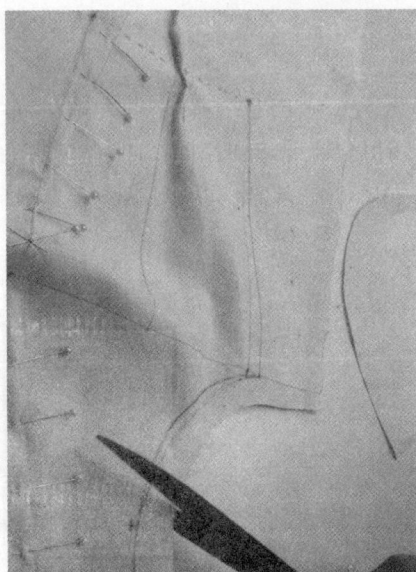

图4-2-72

④修剪前侧缝线，留缝口2.5cm，如图4-2-73所示。

⑤修剪前腰围线，留缝口1.2cm，并在缝口上打剪口，使腰围线的转折比较顺畅，如图4-2-74所示。

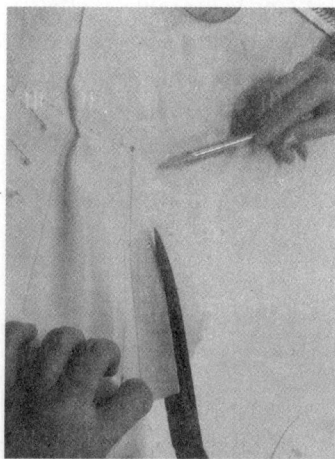

图4-2-73

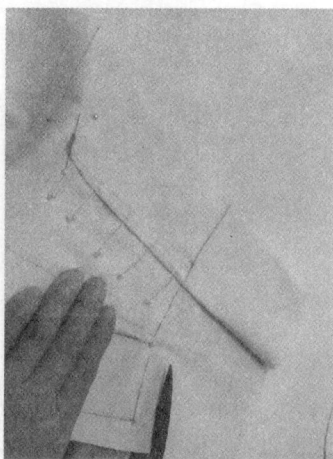

图4-2-74

三、校对及调整

把整理好的衣片重新放在人台模特上进行校对、检查和修改，基本定型，如图4-2-75所示。

至此，完成前片的立体裁剪操作，但只有在连同后片一起做校正后才算完成上衣原型。

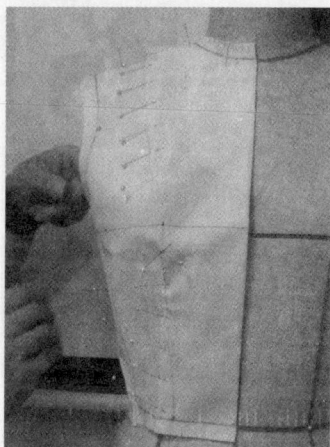

图4-2-75

第三节　上衣原型后片的操作示范

后片的操作必须在前片的基础上进行，不能把前片拿开来单独操作后片。先把前片按原状针在人台模特上，再用直插针掀起前侧及前肩，如图4-3-1所示。

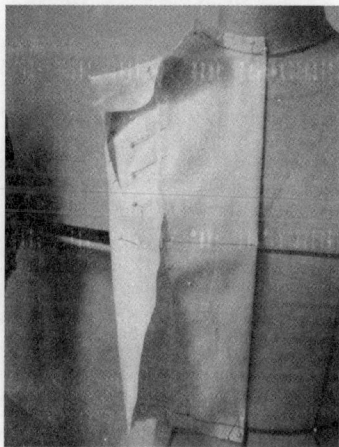

图4-3-1

一、操作前的准备

1. 备布

（1）长度：从人台模特后颈顶点到后腰围线长度加10cm，如图4-3-2所示。

（2）宽度：从背中点量至后胸围加10cm，如图4-3-3所示。

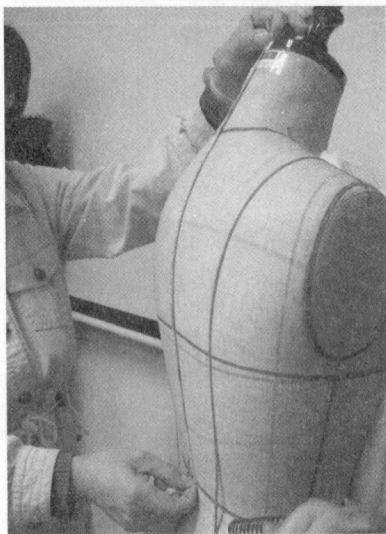

图4-3-2

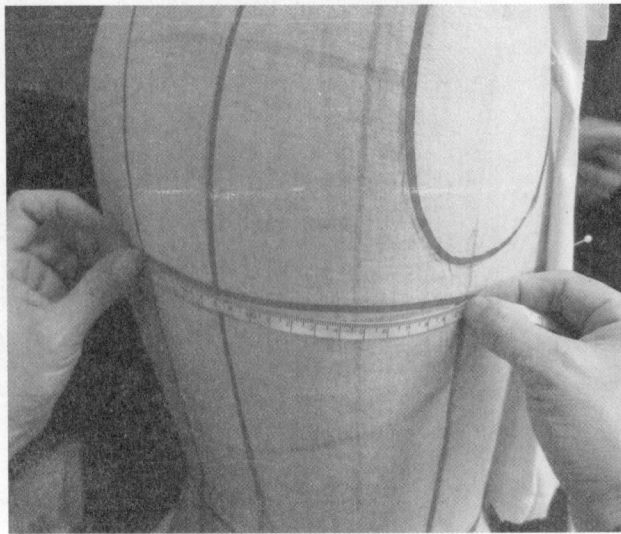

图4-3-3

2. 布料整理（备布阶段）

在后中接叠2.5cm。

3. 预画线作形（备布阶段）

（1）画长度：在人台模特后颈顶点向下10cm作一点，如图4-3-4所示；量度后领中点至后腰点在白坯布上作一点，如图4-3-5、4-3-6所示；在后领中点向下再量度10cm作一条后背宽线（经过肩胛骨的水平线），如图4-3-7所示。

图4-3-4

图4-3-5

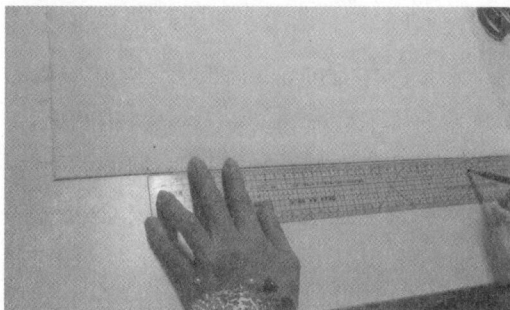

图4-3-6 图4-3-7

（2）取宽度：从后中心线量至后背宽点加上0.3cm的松量作后背宽点，如图4-3-8、4-3-9所示；然后从后背宽点向里2.5~3cm处作一条上衣后区间线，如图4-3-10所示。

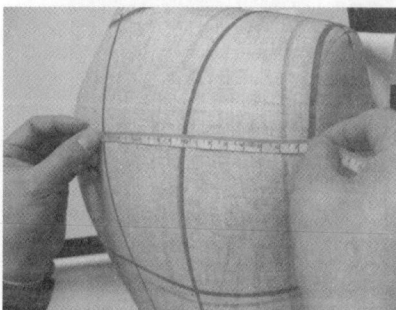

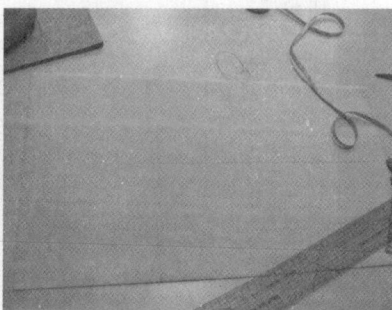

图4-3-8 图4-3-9 图4-3-10

至此，后片备布阶段结束。

二、操作

（1）用V针固定后领中点，要特别注意布料经纬向的对齐，同时也要注意后背宽水平线的对齐，如图4-3-11所示。

（2）用V针固定后腰中点，在对齐经向布料时，要注意留出少量背高的松量，如图4-3-12所示。

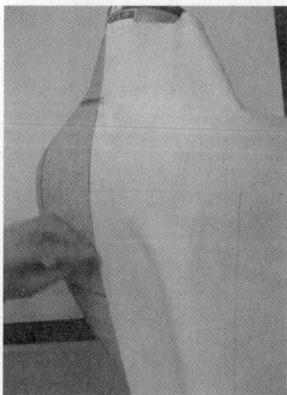
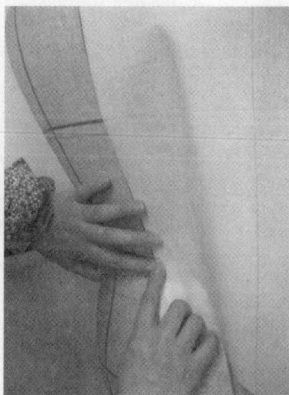
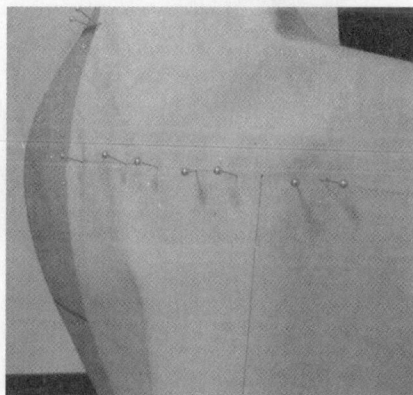

图4-3-11 图4-3-12 图4-3-13

（3）用直插针固定后背宽线，0.3cm的松量分布在肩胛骨附近，如图4-3-13所示。

（4）沿后区间线折叠出一条痕迹，使后区间线保持垂直，然后取后胸围点，如图4-3-14、4-3-15所示。

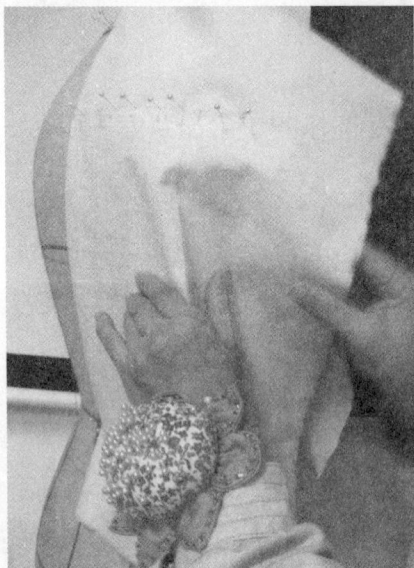
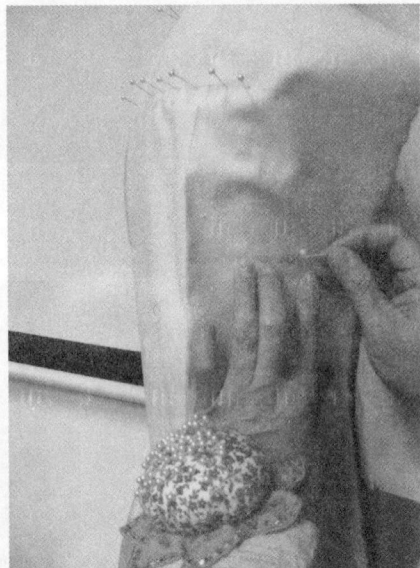

图4-3-14　　　　　　　　　　　　　　图4-3-15

（5）把后区间线垂直向下拨至后腰线，在与后腰线的交点处用V针固定。

（6）在离后区间线与腰线的交点1.5cm处剪开，如图4-3-16、4-3-17所示。

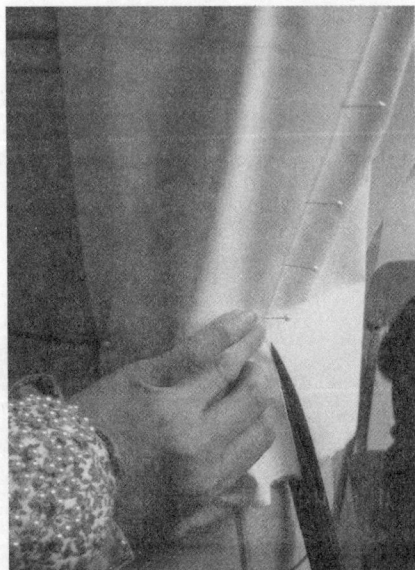
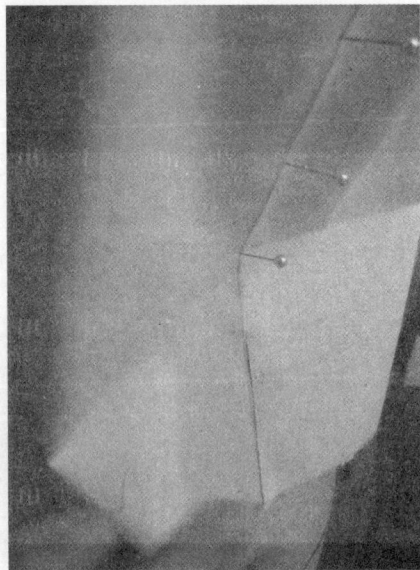

图4-3-16　　　　　　　　　　　　　　图4-3-17

（7）在后区间线左右各挑起一针约0.3cm的腰围松量，并对准公主线折叠后腰褶，注意后褶尖和后肩褶尖应形成一条优美的曲线，如图4-3-18、4-3-19、4-3-20、4-3-21所示。

图4-3-18

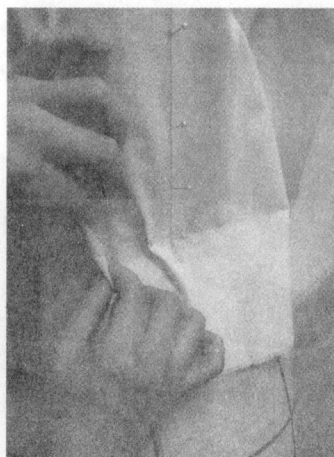

图4-3-19

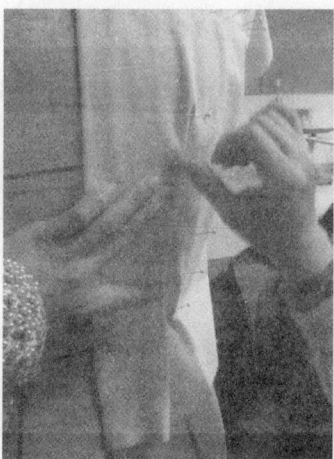

图4-3-20

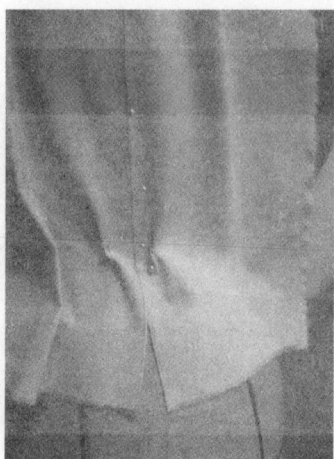

图4-3-21

（8）自然拨平腰量，固定后腰围点，如图4-3-22所示。

（9）对齐前胸围点，使前胸围点与后胸围点成水平，再从前胸围点用笔穿过画后胸围点，如图4-3-23所示。侧缝可先用缝合针预固定，在裁片画线中再作完善。

图4-3-22

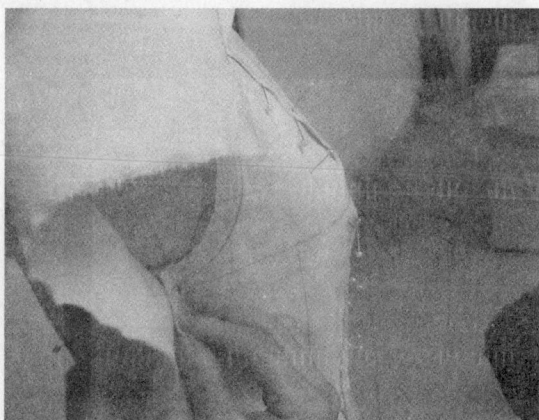

图4-3-23

（10）用直插针固定后领窝，加剪刀口使得弧线更圆顺自然，如图4-3-24、4-3-25所示。

图4-3-24

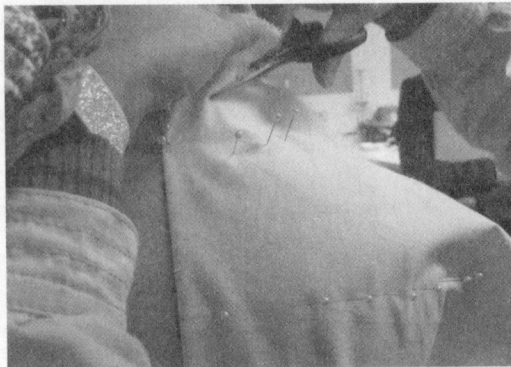
图4-3-25

（11）在后肩线上挑起一针约0.3cm的松量，如图4-3-26、4-3-27所示。

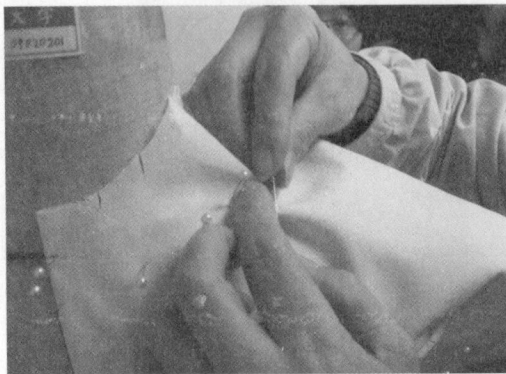
图4-3-26

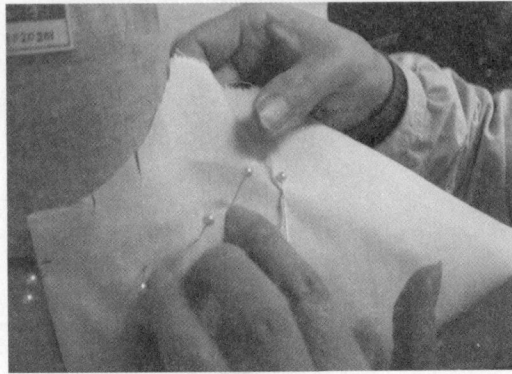
图4-3-27

（12）折叠后背褶，注意褶的造型，褶尖与后腰褶尖应形成一条优美的曲线，如图4-3-28、4-3-29、4-3-30所示。

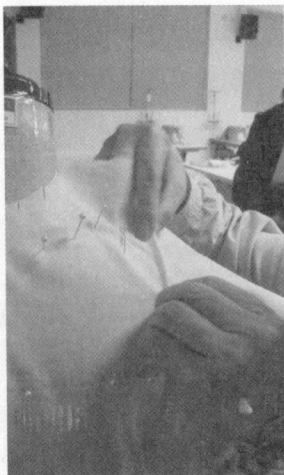
图4-3-28

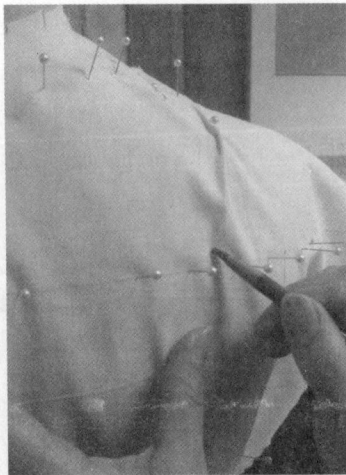
图4-3-29

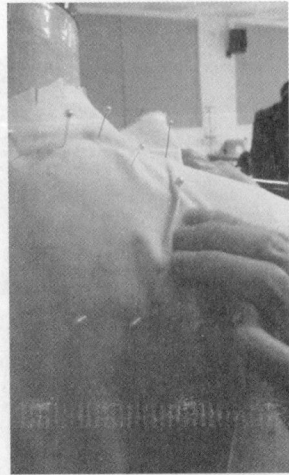
图4-3-30

（13）作记号：

①从后领中点开始，作后领弧线标记，如图4-3-31所示；沿后肩线作记号，后肩褶底和面都需要作记号，如图4-3-32、4-3-33所示，在肩端点作十字记号。

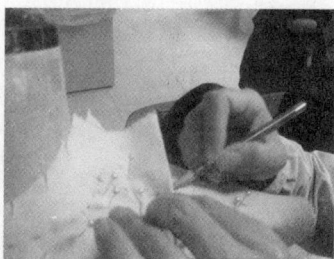
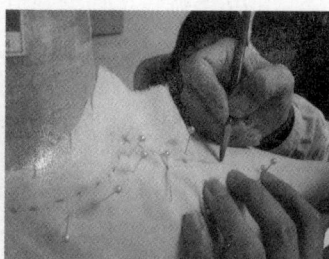

图4-3-31　　　　　　　　　　图4-3-32　　　　　　　　　　图4-3-33

②作后夹圈线记号，从后肩端点开始，按夹圈线作记号至后背宽点，如图4-3-34、4-3-35所示。

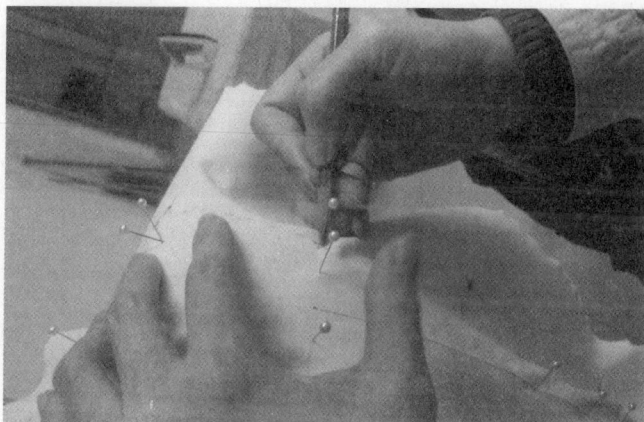
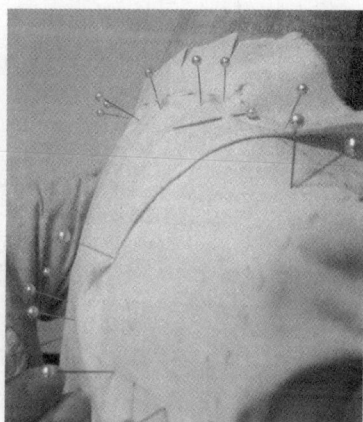

图4-3-34　　　　　　　　　　　　　　　　图4-3-35

③沿后腰围线作记号，如图4-3-36所示。

（14）画出裁片的基本轮廓：把衣片上的针拆下，但要保留褶尖点的记号针、松量的挑针，如图4-3-37所示。

图4-3-36　　　　　　　　　　　　　　图4-3-37

①用6字弧线尺辅助圆顺后领窝，如图4-3-38所示。

②按原来做好的褶折痕画后肩褶，注意褶量的两边相等，并从褶尖开始用折叠针法固定，如图4-3-39、4-3-40所示。

③用6字弧线尺辅助画后肩线，注意使用尺子的方法，如图4-3-41所示。

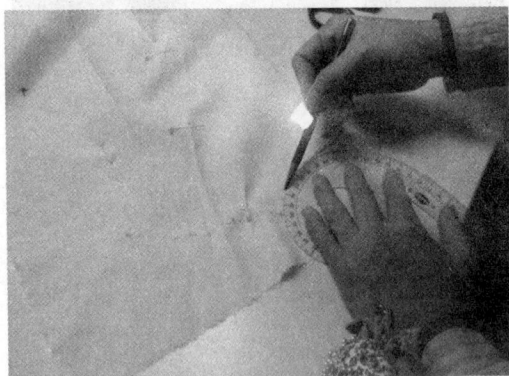

图4-3-38

图4-3-39

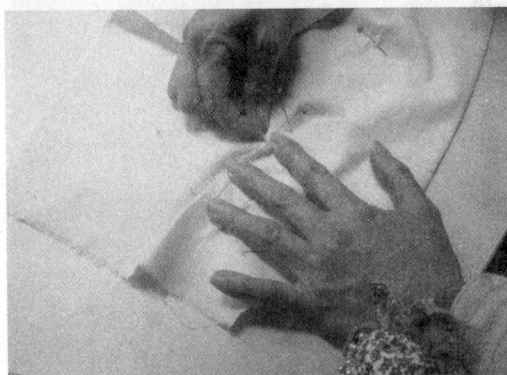

图4-3-40

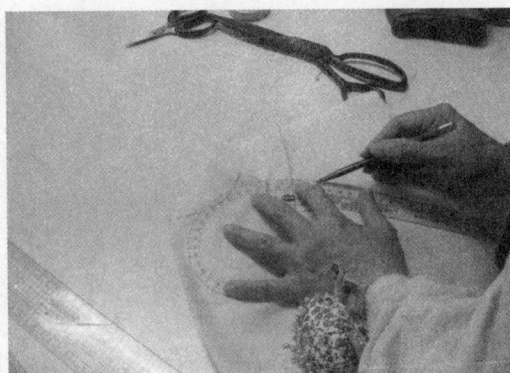

图4-3-41

④连接之前对好的后胸围点和后腰围点画线，也可以用复印纸把前片的线复印在后片侧缝上，一定要注意前后片经纬向的对准，把缝口修至2.5cm，然后用折叠针固定，如图4-3-42、4-3-43、4-3-44、4-3-45、4-3-46所示。

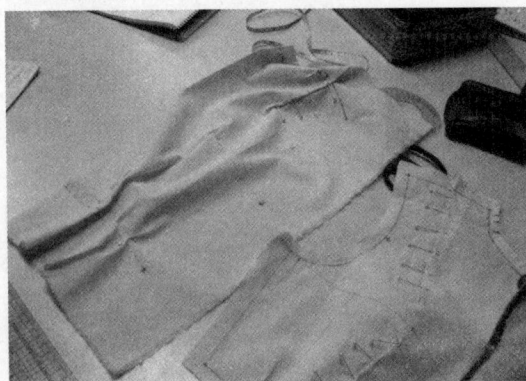

图4-3-42

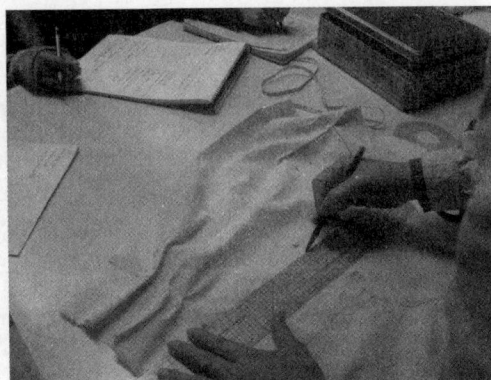

图4-3-43

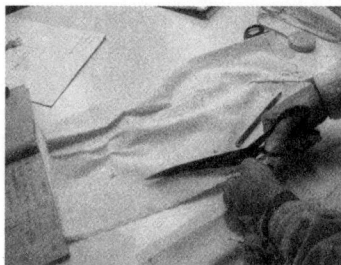

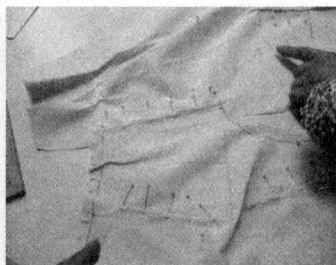

图4-3-44   图4-3-45   图4-3-46

⑤用6字弧线尺辅助画后夹圈线，注意前后夹圈的对齐与圆顺，如图4-3-47、4-3-48所示。

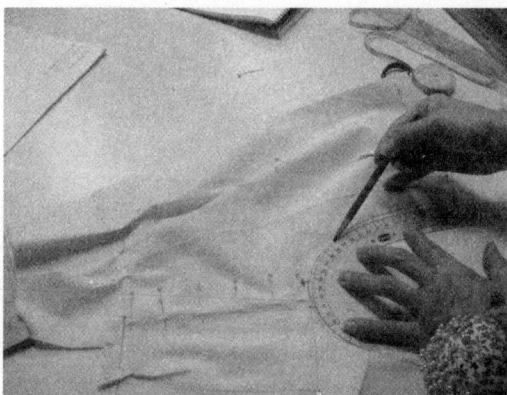
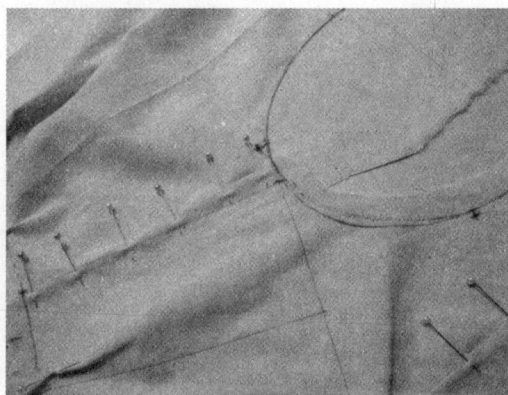

图4-3-47   图4-3-48

⑥按原来做好的褶折痕画后腰褶，注意褶量的两边相等，并从褶尖开始用折叠针法固定，如图4-3-49、4-3-50所示。

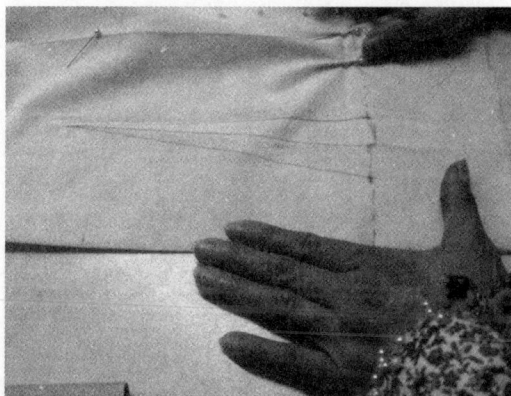
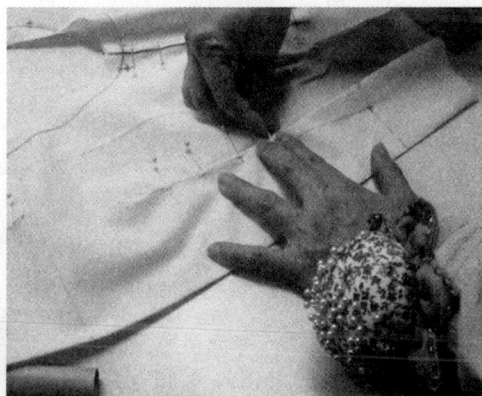

图4-3-49   图4-3-50

⑦用6字弧线尺辅助画腰围线，如图4-3-51所示。

（15）修剪及留缝口：

①修剪后领窝线，留缝口1.2cm，如图4-3-52所示。

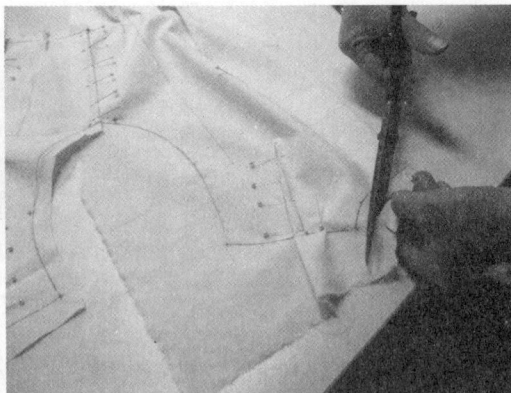

图4-3-51 　　　　　　　　　　　　　　　图4-3-52

②修剪后肩线，留缝口2.5cm，如图4-3-53所示。

③修剪后夹圈线，留缝口1.2cm，并在缝口上打剪口，使夹圈线的转折比较顺畅，如图4-3-54所示。

④修剪腰围线，留缝口1.2cm，并在缝口上打剪口，使腰围线的转折比较顺畅，如图4-3-55所示。

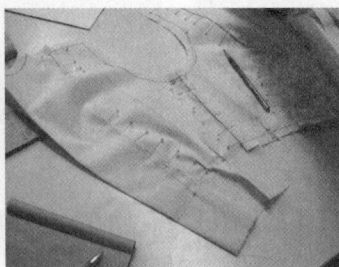
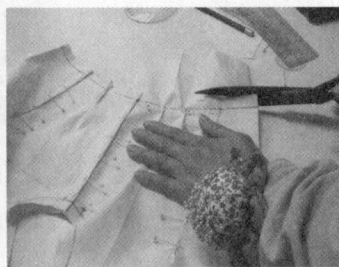

图4-3-53 　　　　　　　　图4-3-54 　　　　　　　　图4-3-55

三、合并前后肩

折叠后肩线，校对与前肩的三个对合点，保证前后肩褶必须落在公主线上，使前后褶形成一条流畅的线，再用折叠针以后叠前的方式合并前后肩，挑起0.3cm的松量，可把针缩在后肩线上，如图4-3-56、4-3-57、4-3-58所示。

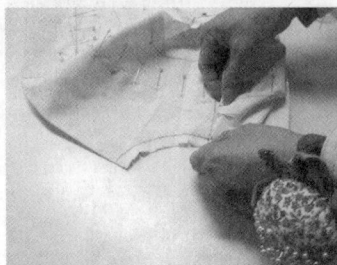
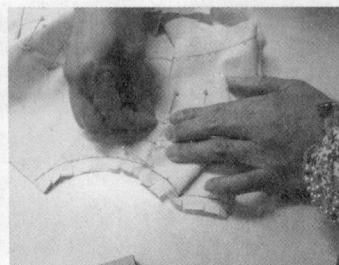

图4-3-56 　　　　　　　　图4-3-57 　　　　　　　　图4-3-58

四、校对及调整

把做好的原型重新放在人台模特上进行校对、检查和修改，基本定型，如图4-3-59、4-3-60、4-3-61所示。

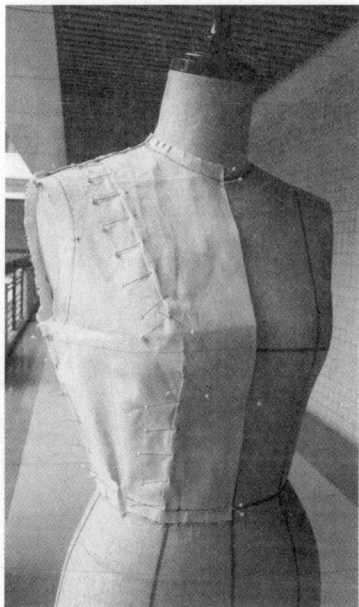
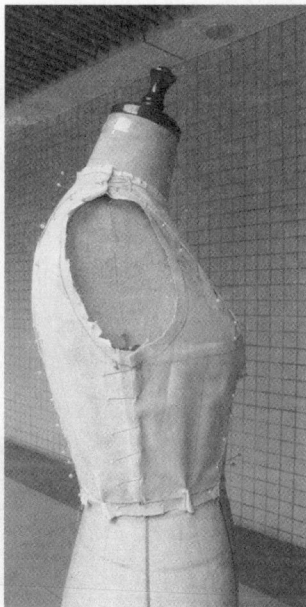
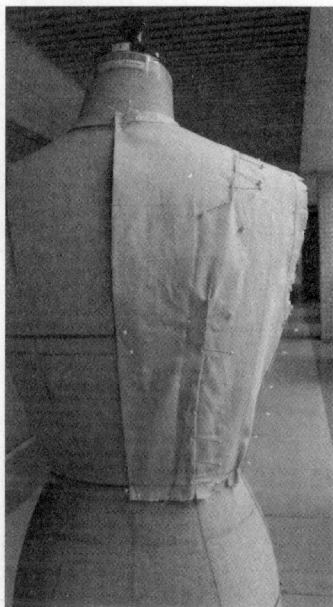

图4-3-59   图4-3-60   图4-3-61

五、原型作业的展示

图4-3-62为直身原型的实验，胡大芬作品。

图4-3-63为直身原型的实验，胡大芬作品。

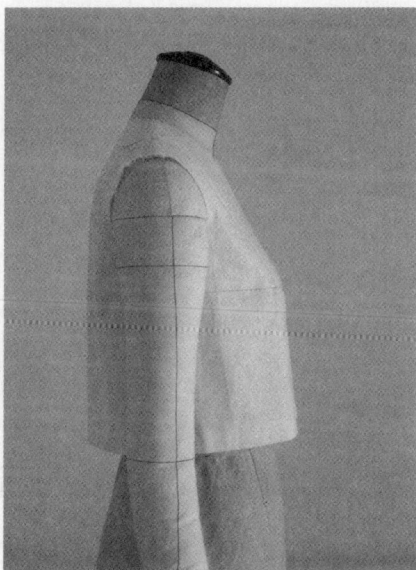
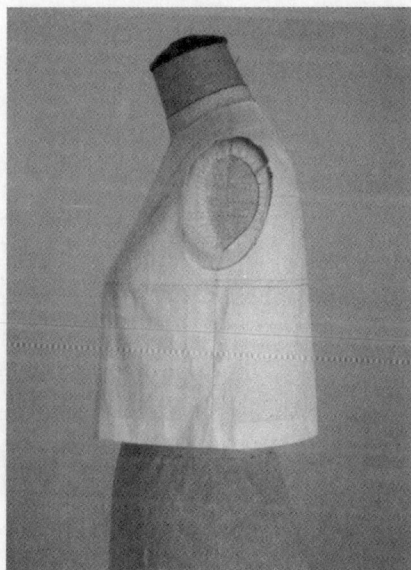

图4-3-62   图4-3-63

图4-3-64为无褶式上衣的实验，胡大芬作品。

图4-3-65为无褶式上衣的实验，胡大芬作品。

图4-3-66为肩胸褶式上衣的实验，胡大芬作品。

图4-3-67为肩胸褶式上衣的实验，胡大芬作品。

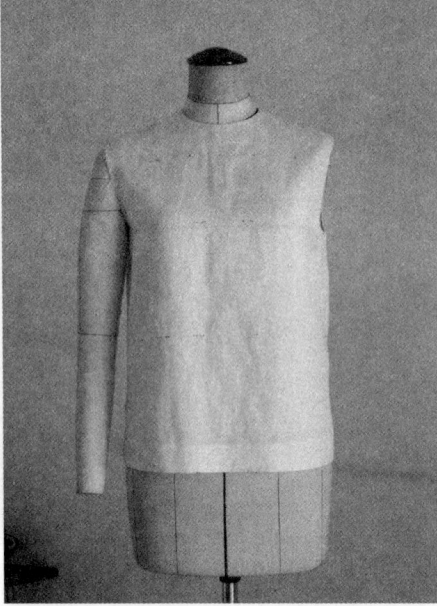

图4-3-64

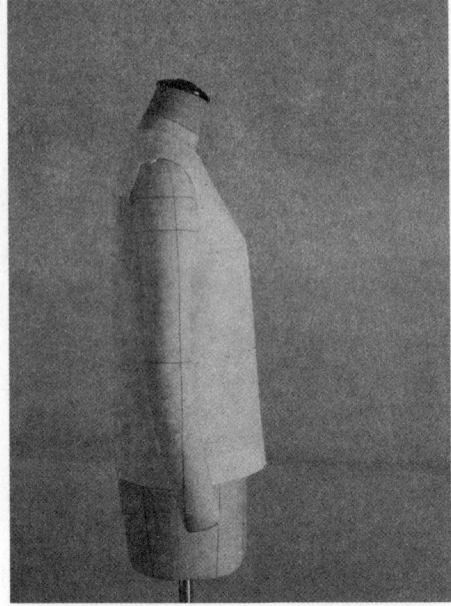

图4-3-65

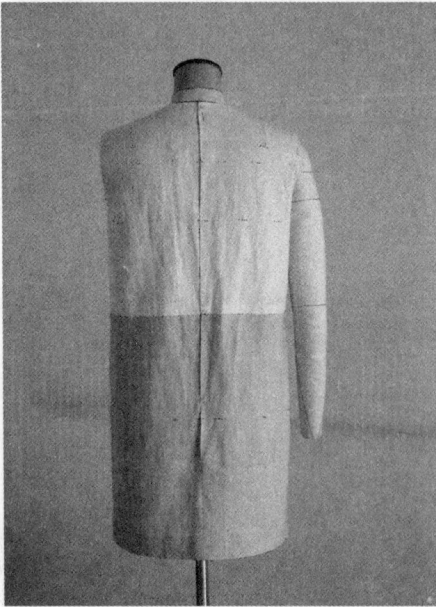

图4-3-66

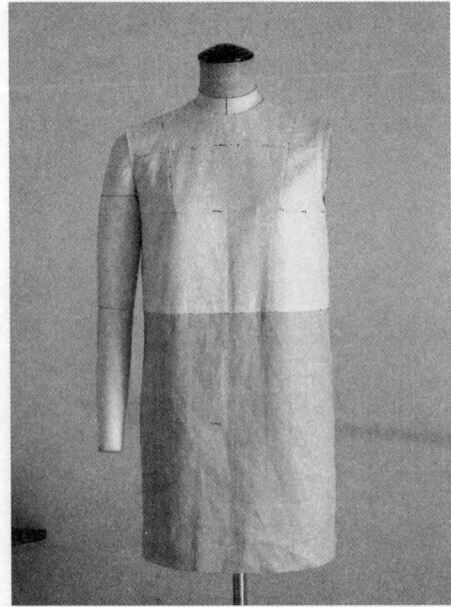

图4-3-67

图4-3-68为带分割线原型的实验，胡大芬作品。

图4-3-69为后肩褶原型的实验，胡大芬作品。

图4-3-70为学生陆茵茵作业。

图4-3-71为学生陆茵茵作业。

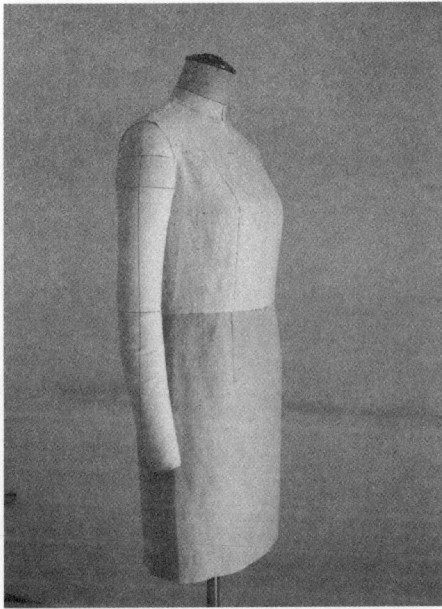

图4-3-68

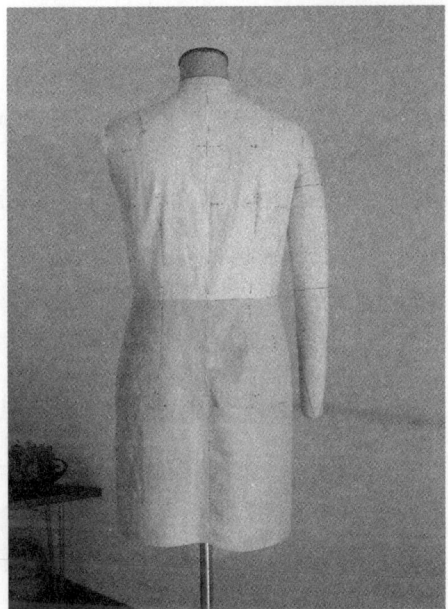

图4-3-69

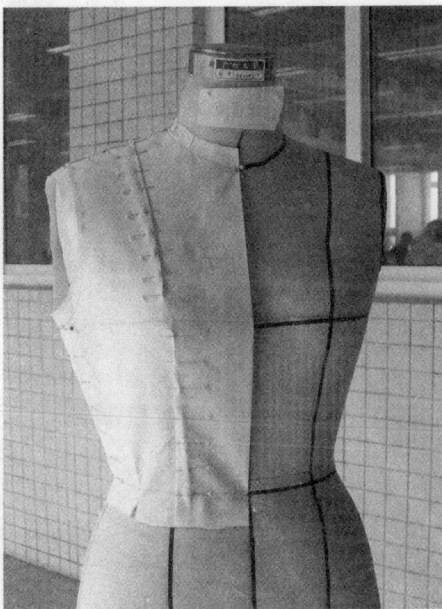

图4-3-70

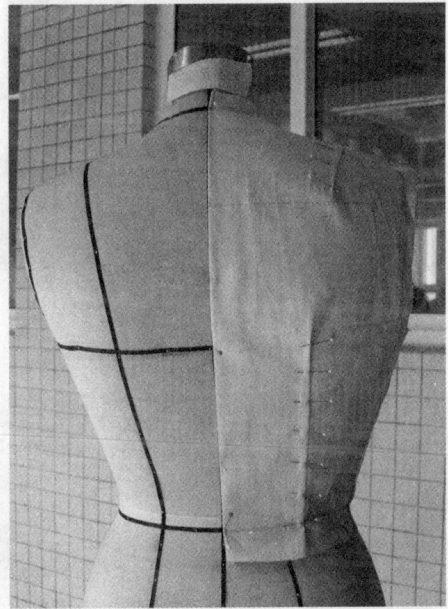

图4-3-71

第四节　裁片的脱样

　　立体裁剪是借助白坯布为代替面料，直接在人台模特上进行造型，因此，立体裁剪成型后还需要把白坯布裁片的造型转印到白纸上。常用的手工转印方式有两种，当然只要能达到目的，也可用其他方法。目前，随着计算机技术在服装设计上的应用，逐渐推广使用数字化仪输入，经过计算机的整理，线条会更加流畅，再用绘画机输出，这一技术将在第六章中详细介绍。

　　裁片的脱样就是把白坯布裁片的造型转印到白纸上，转变为服装生产所用的纸样。常用的手工转印方式有用大张复印纸直接过印和用过线器转印两种。

一、用大张复印纸直接过印方式

　　（1）把整理好的立体裁片烫平整，铺在大张的复印纸上，如图4-4-1、4-4-2所示；然后用圆珠笔在裁片上勾勒出有用的造型线，裁片的经纬向线也必须画出，操作时要注意不能重复画线，否则过印后线太粗会影响裁片造型的准确性，如图4-4-3、4-4-4、4-4-5所示。

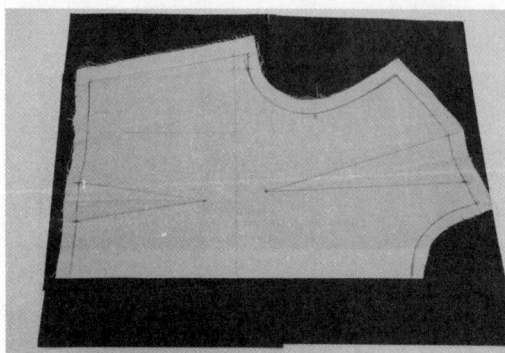

图4-4-1

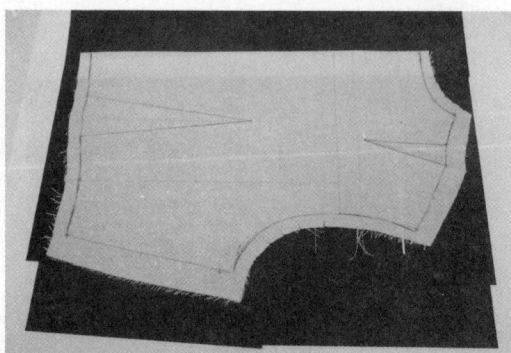

图4-4-2

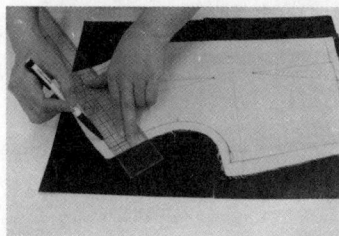

图4-4-3

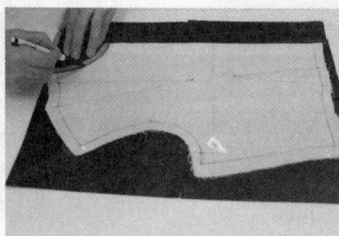

图4-4-4

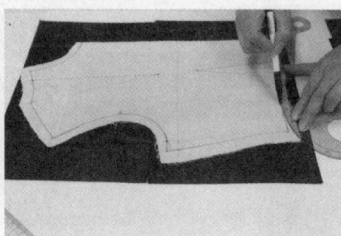

图4-4-5

（2）转印好的纸样，裁片时要进行重新校对和组合，尤其是袖圈弧线、领窝弧线和腰围弧线必须进行校对和圆顺，如图4-4-6、4-4-7、4-4-8所示。

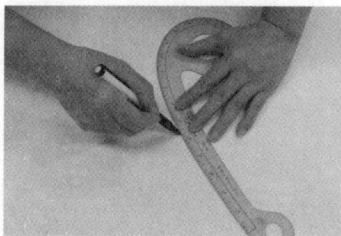 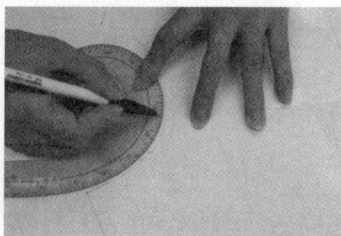 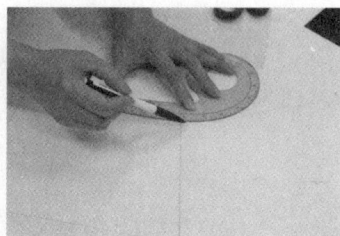

图4-4-6   图4-4-7   图4-4-8

（3）加放缝口：就生产工艺而言，需要预留出锁边的结构缝线，如前后侧缝、肩缝等应留缝口1.2cm；弧线可不加锁边，如领口线、袖圈线等应留缝口0.8cm。

二、用过线器转印方式

（1）把整理好的立体裁片烫平整，铺在一张白纸上，白纸下面最好再铺一块平整的白坯布，这样更易于过线器操作。

（2）用过线器对准立体裁片上有用的造型线用力过印，操作时要特别注意转印的准确性，如图4-4-9、4-4-10、4-4-11所示。

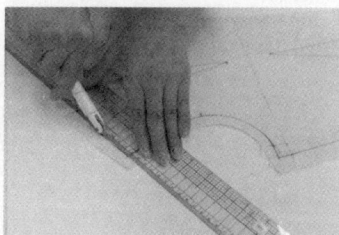 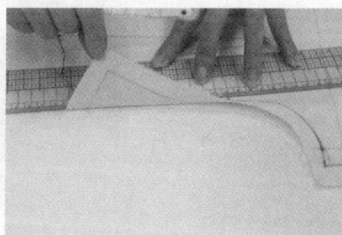 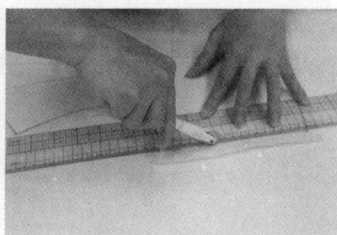

图4-4-9   图4-4-10   图4-4-11

（3）按照过印的迹点画裁片的造型线。

（4）裁片间的重新校对和组合、加放缝口等操作步骤与转印后的校对和修整方法相同。

裁片的转印方式有多种，关键是转印的准确性。在使用工具上，可以使用铅笔，也可以使用圆珠笔。转印时，需特别注意，褶位点、褶量和经纬向等要标画清楚。

思考练习题

立体裁剪原型一件，要求制作出实物。

第五章　半腰裙原型的立体裁剪技术

　　半腰裙原型的立体裁剪技术与上衣原型立体裁剪技术的原理是相同的，鉴别立体裁剪好坏的最重要标准是造型的稳定性，讲究丝绺的横平竖直，以达到预期的造型效果。款式设计是造型设计的一个环节，而立体裁剪是造型设计的延续与实施。在实施过程中，立体裁剪所强调的造型的平行与稳定，就是指无论是什么款式的造型，其最终结果都应该是平整有序的，以保持造型的稳定性。

第一节　区间线的划分方法

　　区间线是划分服装造型最基础的垂直线。简单来说，就是把人体看作是一个六边的箱形，在这个概念的指导下进行服装的结构设计，如图5-1-1、5-1-2所示。也就是说，即使款式千变万化，保持造型的这些垂直线也必须时刻记在设计师的心中。在高级定制的服装中，这些区间线经常要保持到缝制结束为止，目的是为缝制和试衣作参考，如图5-1-3、5-1-4所示。

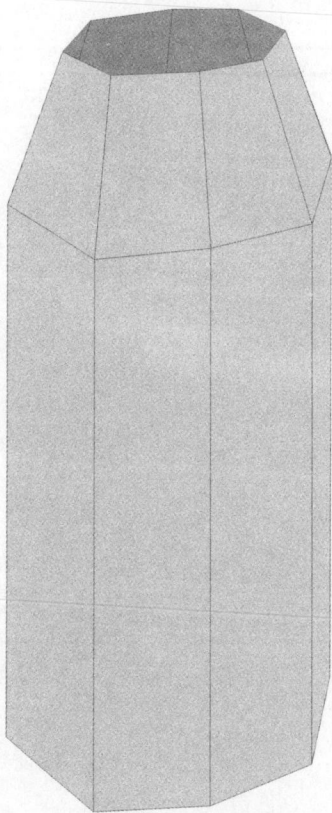

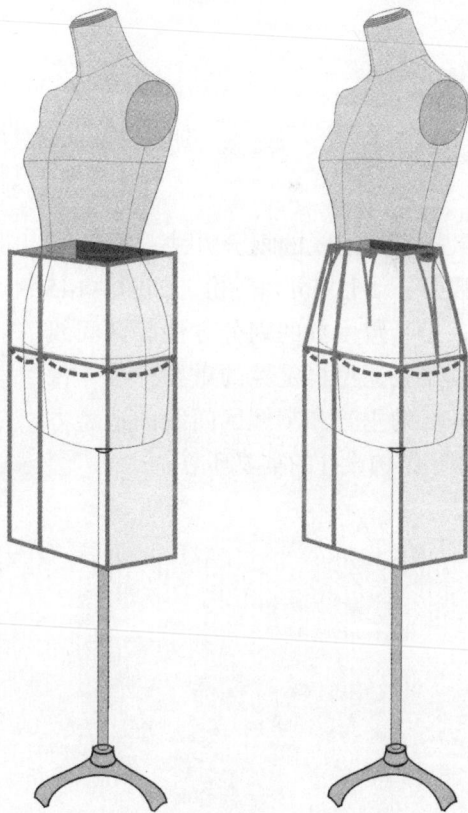

图5-1-1　　　　　　　　　　　　　　图5-1-2

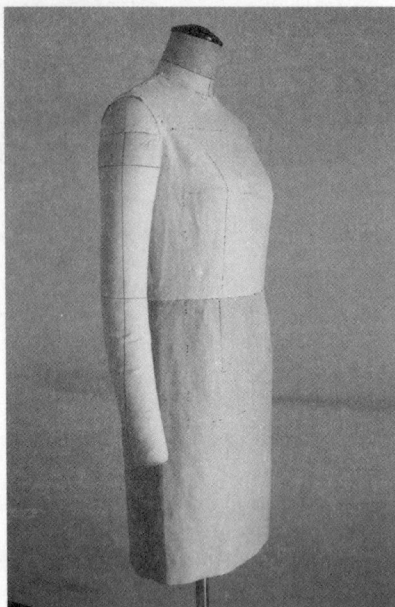

图5-1-3

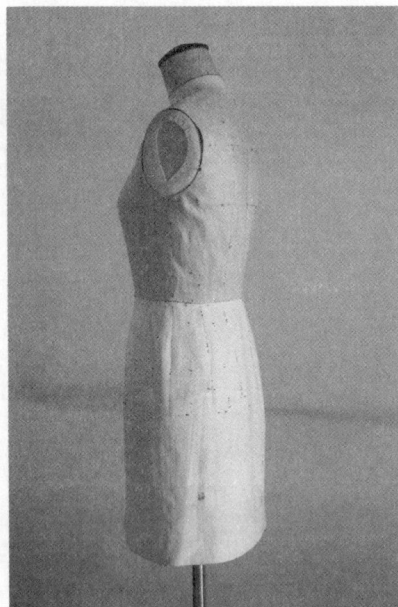

图5-1-4

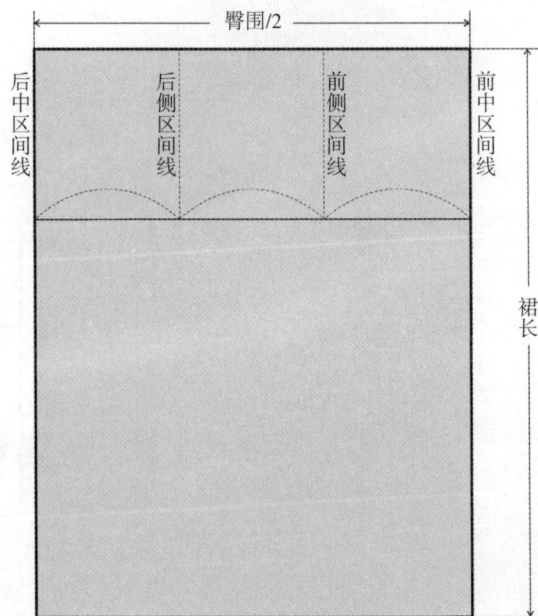

图5-1-5

半腰裙区间线的划分方法：在成品臀围数的基础上划分六等份。如图5-1-5所示，是半臀围数的划分方法。区间线是鉴别服装造型稳定性的重要标准，保持区间线的垂直和掌握区间线的造型方向是服装结构设计的重要环节。

第二节　半腰裙原型前片的操作示范

　　半腰裙原型的操作技术与上衣原型的操作技术在很多方面是相同的，因此本节将省略部分已示范过的图片。

　　本节教学示范：胡大芬副教授；拍摄：黄怡同学。

一、操作前的准备

　　（1）操作前标志线的粘贴准备，注意标志线必须取水平方向，如图5-2-1所示。

　　（2）备布：

　　①长度：在侧缝附近从腰围线量至裙子所需要的长度加10cm，如图5-2-2所示。

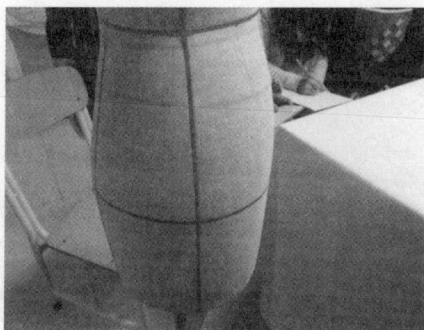

图5-2-1

图5-2-2

　　②宽度：从臀围前中点量至侧缝加10cm，如图5-2-3所示。

　　（3）布料整理（备布阶段）：在前中接叠2.5cm，如图5-2-4所示。

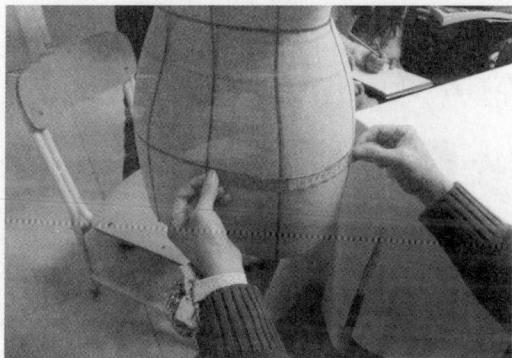

图5-2-3

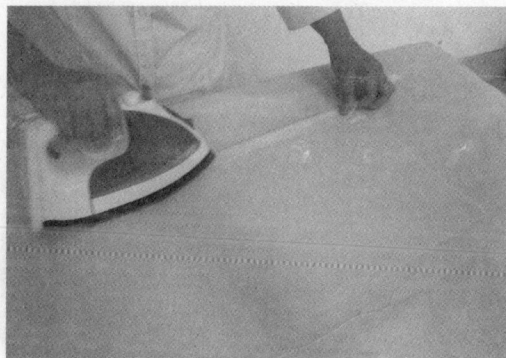

图5-2-4

　　（4）预画线作形（备布阶段）：

　　①画臀高线：量度人台模特，从后中腰围线垂直量至臀围线，如图5-2-5所示；从布料顶端向下取平行线臀高数据加5cm，如图5-2-6所示。

图5-2-5

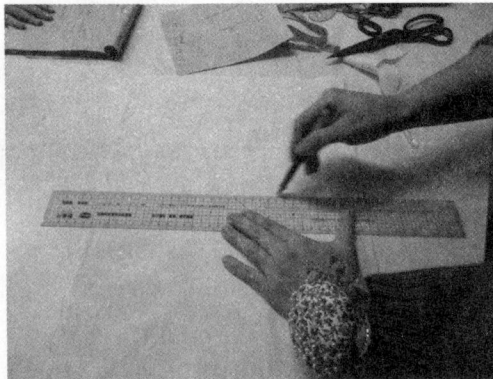

图5-2-6

②取宽度：量度人台模特，从臀围线前中心线量至侧缝，并在画好的臀高线上取臀围侧缝点，需要加上0.75cm或1cm的松量，宽度应取数为前臀围加0.75cm。

③画前区间线：计算方法是半臀围数加1.5除以3，如图5-2-7所示。

④预画裙长：量度前臀高，并取点，如图5-2-8所示，从这一点（前腰围线中点）取裙子的预长度，如图5-2-9所示。

图5-2-7

图5-2-8

图5-2-9

⑤为操作方便，可以预先画一条裙摆垂直设计的参考垂直线。

至此，前片备布阶段结束。

二、操作

（1）用V针固定前中腰点，要特别注意布料经纬向的对齐，如图5-2-10、5-2-11所示。

图5-2-10

图5-2-11

（2）用V针固定前臀围点，如图5-2-12所示。

（3）用手顺势拨平前区间线，注意区间线成垂直状，再用直插针固定，如图5-2-13所示。

（4）在前区间线剪开一个刀口，离开腰围线1.5cm，如图5-2-14所示。

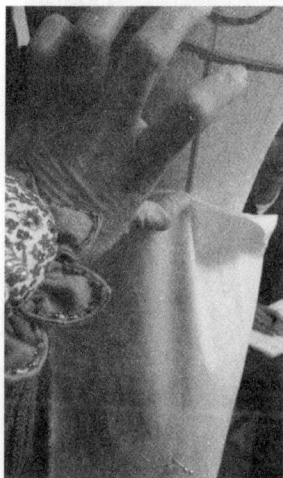  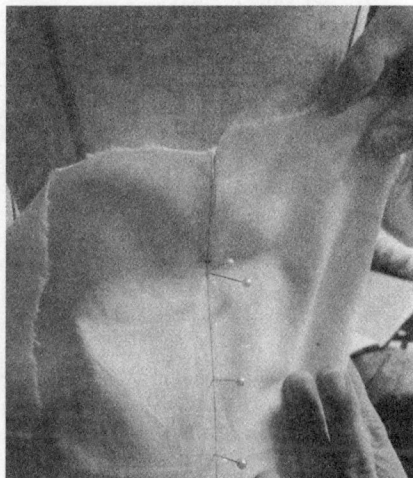

图5-2-12　　　　　　　图5-2-13　　　　　　　　　　图5-2-14

（5）折叠前腰臀褶：在对准前公主线处，把腰臀差量折叠成一个褶，如图5-2-15所示。这是做一个褶的具体操作方法，也可以把腰臀差量作双褶处理，设计的位置一般在前公主线和前区间线上各做一个，褶量的设计以前褶量比侧褶量略多一点为宜，褶尖用针定位，如图5-2-16、5-2-17、5-2-18所示。

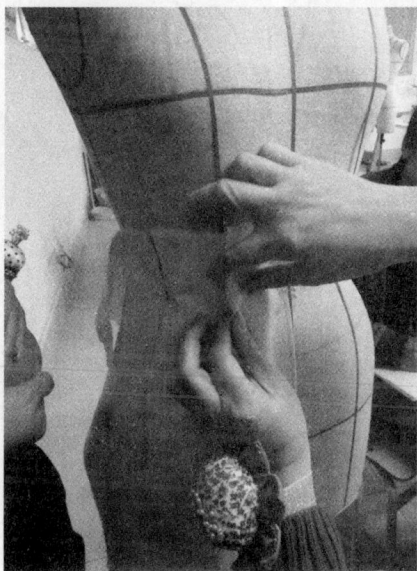 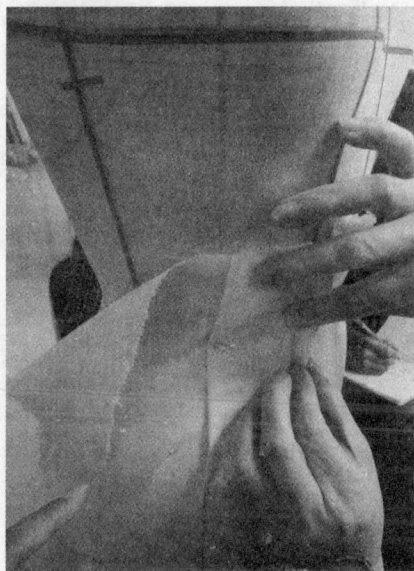

图5-2-15　　　　　　　　　　　　图5-2-16

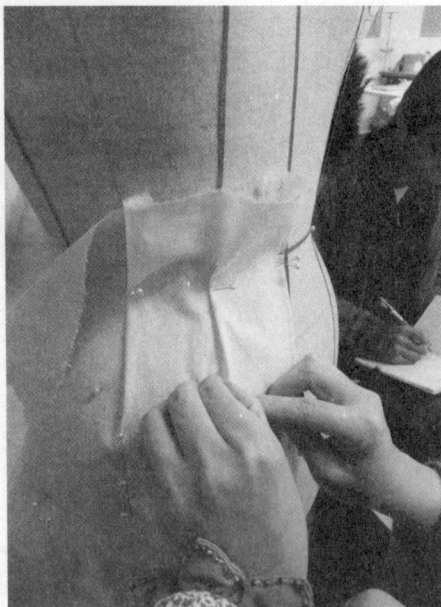
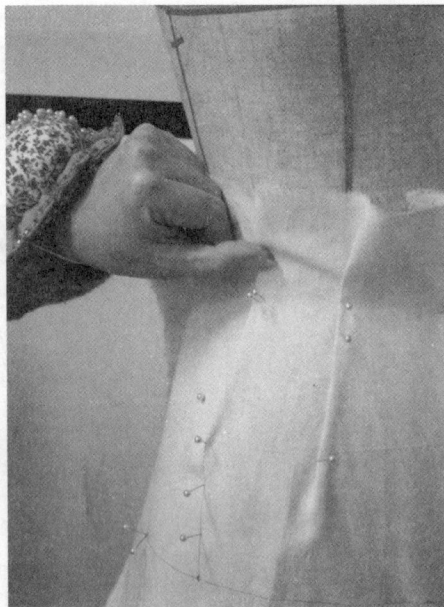

图5-2-17 图5-2-18

（6）预留腰松量：在前区间线靠后侧约2cm处挑起0.3cm作腰松量的预留，因为刚好这个位置也是人体腰部往里凹之处，所以应该留出这些松量，如图5-2-19、5-2-20所示。

（7）用手顺势拨平，确定前腰点及前臀围点，如图5-2-21所示。

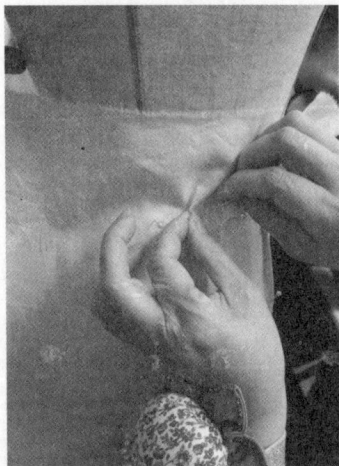
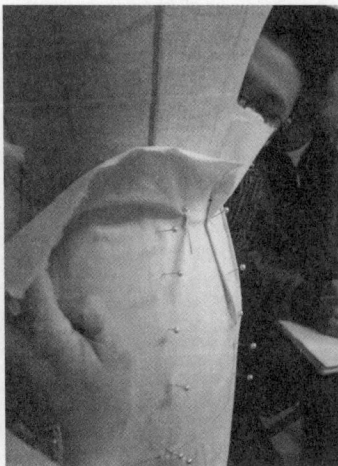
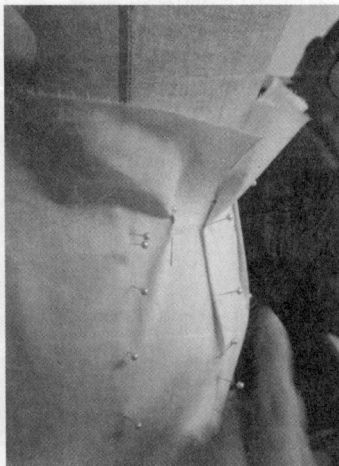

图5-2-19 图5-2-20 图5-2-21

（8）作记号：从前腰中点开始，用虚线作记号，褶的位置底和面都要画线，如图5-2-22、5-2-23、5-2-24所示，端点用十字作记号。

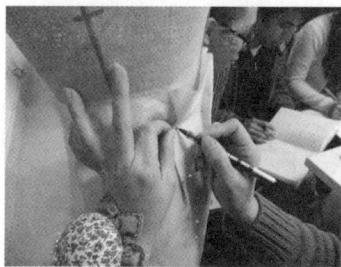
图5-2-22

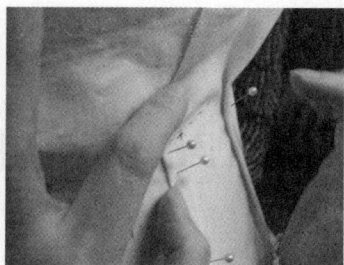
图5-2-23

图5-2-24

（9）画出裁片的基本轮廓：把裙片上的针拆下，但要保留胸褶尖点的记号针、腰松量的挑针，如图5-2-25所示。

①按原来做好的褶折痕画腰臀褶，注意褶量两边相等，并从褶尖开始用折叠针法固定，如图5-2-26、5-2-27所示。

图5-2-25

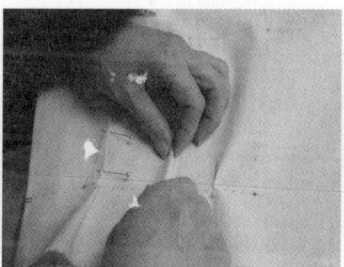
图5-2-26

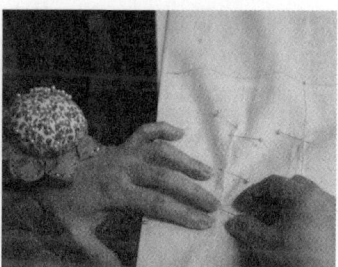
图5-2-27

②用6字弧线尺辅助圆顺前腰围线。

③用6字弧线尺辅助圆顺侧胯线。

（10）修剪及留缝口：

①修剪前腰围线，留缝口1.5cm。

②可以先修剪臀围线以上的侧缝，留缝口2.5cm，臀围线以下可以暂不作修剪。

三、校对及调整

把整理好的裙片重新放在人台模特上进行校对、检查和修改，基本定型，如图5-2-28所示。

至此，完成半腰裙原型前片的立体裁剪操作，但只有在连同后片一起做校正后才算完成半腰裙原型。

图5-2-28

第三节　半腰裙原型后片的操作示范

一、操作前的准备

（1）备布：

①长度：在侧缝附近从腰围线量至裙子所需要的长度加10cm，与前片操作方法相同。

②宽度：从臀围后中点量至侧缝加10cm，与前片操作方法相同。

（2）布料整理（备布阶段）：在后中接叠2.5cm，与前片操作方法相同。

（3）预画线作形（备布阶段）：

①画臀高线：量度人台模特，从后中腰围线垂直量至臀围线，与前片操作方法相同。

②取宽度：量度人台模特，从臀围线后中心线量至侧缝，并在画好的臀高线上取臀围侧缝点，需要加上0.75cm或1cm的松量，宽度应取数为后臀围加0.75cm，与前片操作方法相同。

③画后区间线：计算方法是半臀围数加1.5除以3，与前片操作方法相同。

④预画裙长：量度前裙片臀围线至裙下摆的长度，作后裙片的长度。

⑤为操作方便，可以预先画一条裙摆设计的参考垂直线，与前片操作方法相同。

至此，后片备布阶段结束。

二、操作

后片的操作技术与前片是相同的，以下操作着重示范裁片的整理和前后片组合的方法。

（1）立体裁剪操作后的裙后片，画记号并整理，裙子侧缝下摆的设计可以预先画参考线，也可以在操作过程中随设计感觉确定，并修剪缝口，后腰围线留缝口1.5cm，侧缝线留缝口2.5cm，如图5-3-1、5-3-2所示。

图5-3-1

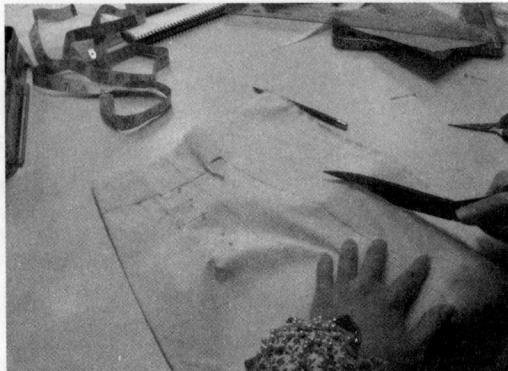

图5-3-2

（2）把修整好的前后片重新针在人台模特上，使用缝合针法设计并确定下摆的造型。

（3）修整裙子侧缝的缝口，确定的侧缝线可以用折叠痕先作记号，也可以用笔作记号，如图5-3-3、5-3-4所示。

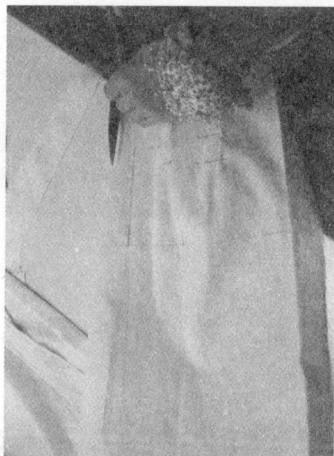

图5-3-3

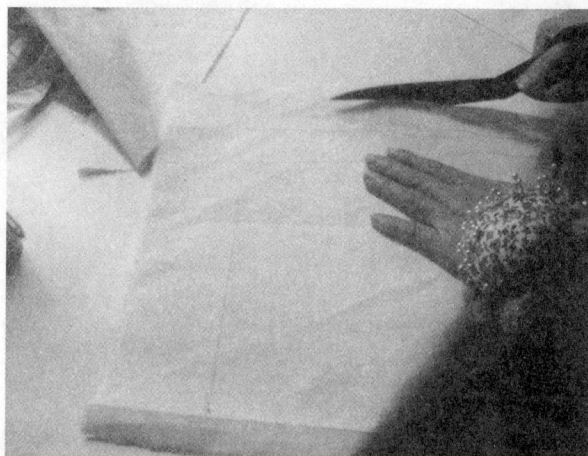

图5-3-4

（4）折叠前片侧缝的缝口，用折叠针法固定裙子的侧缝，采取前叠后的形式，如图5-3-5、5-3-6、5-3-7、5-3-8、5-3-9、5-3-10所示。

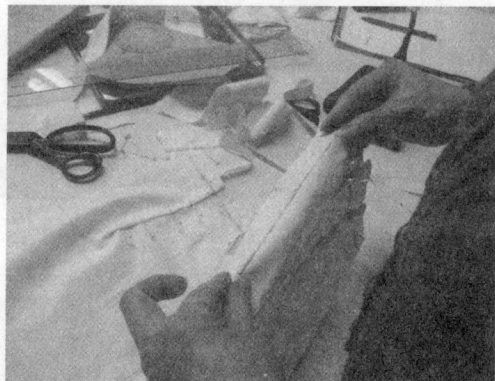

图5-3-5

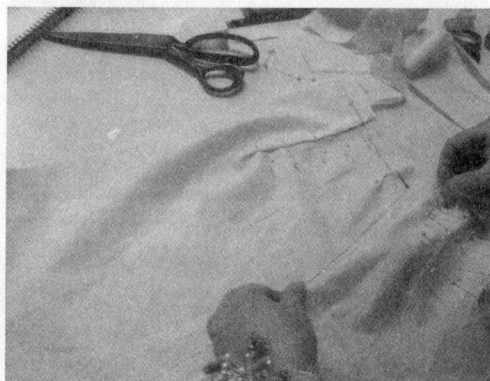

图5-3-6

图5-3-7

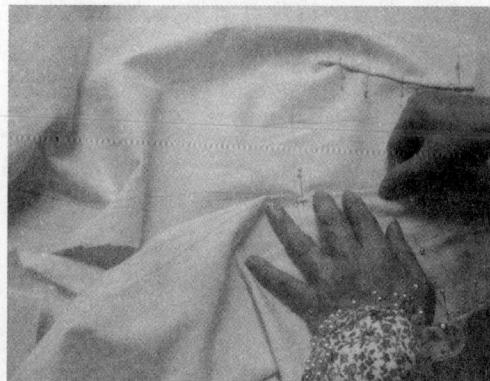

图5-3-8

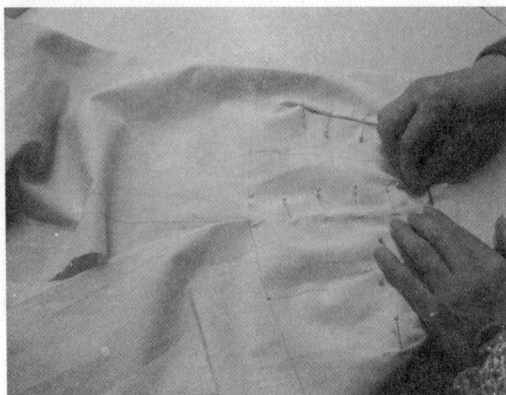

图5-3-9

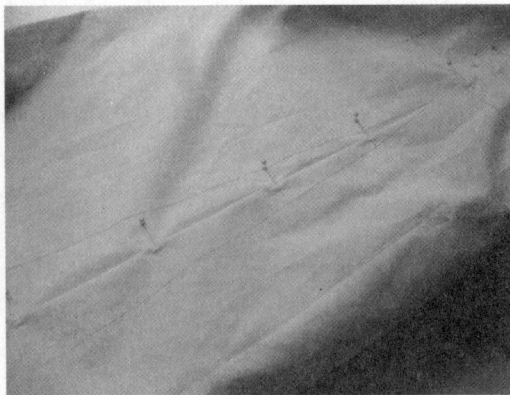

图5-3-10

（5）用垂直平针固定裙接脚，缝口量可先预留多一点，试穿成型后再正式修剪，如图5-3-11、5-3-12所示。

图5-3-11

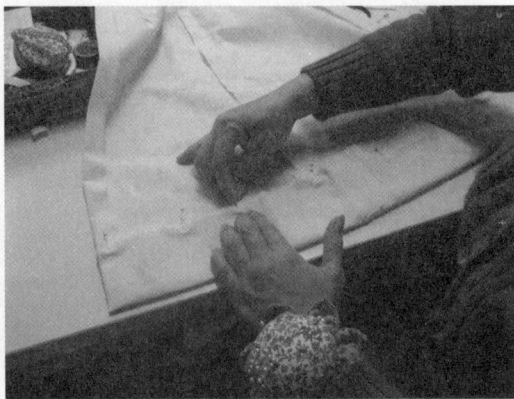

图5-3-12

三、校对及调整

把整理好的裙片重新放在人台模特上进行校对、检查和修改，基本定型，如图5-3-13所示。

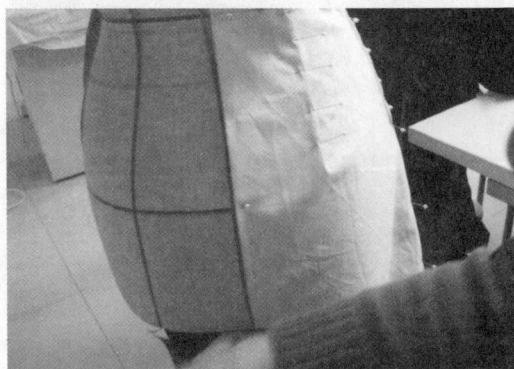

图5-3-13

四、裙子原型作业的展示

图5-3-14为直身裙子原型的实验，胡大芬作品。

图5-3-15为小喇叭裙子原型的实验，胡大芬作品。

图5-3-14

图5-3-15

图5-3-16为学生谢汝帮作业（指导：胡大芬）。

图5-3-17为学生谢汝帮作业（指导：胡大芬）。

图5-3-16

图5-3-17

思考练习题

立体裁剪半腰裙原型一条，要求脱出纸样，并制作出实物。操作过程用PPT文件展示。

第六章　领子的立体裁剪

在学习领子立体裁剪的方法前，首先要掌握一些有关领子造型方面的知识，以便我们进行立体裁剪的学习和操作。对于初学者来说，领子的立体裁剪不能盲目试样和操作，应该先对领子的造型进行分析和比较，有一个方向和造型概念后再进行立体裁剪。因此，在领子的立体裁剪操作前，备布是领子设计的一个重要环节。领子的立体裁剪从开始到结束，在设计师的头脑中都应该有一个整体的概念，与褶皱设计不同的是，褶皱美经常要在实际操作中才能发现，而领子的设计从开始到结束都要有充分的构思，这样成型后的差别也会比较小。

第一节　领子结构造型的分类

备布是领子立体裁剪很重要的一个环节，因此，备布前设计师必须对领子的造型有一个准确的定位，即塑造的是什么造型？让领子的大概形态在头脑中有一个初步的轮廓，而掌握领子结构的分类和对领子裁片形态的认识是其前提。

从结构学角度来看，领子结构可分为四大类：

（1）无领类：如图6-1-1所示，衣身没有另外装领子，仅在衣身中作领口线的造型设计，或者在无领的衣身上加入其他元素，错视中成为领子的造型，如图6-1-2所示。

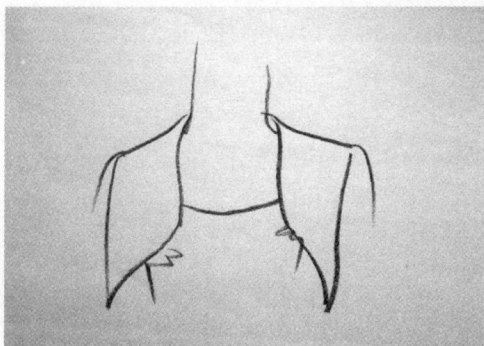

图6-1-1

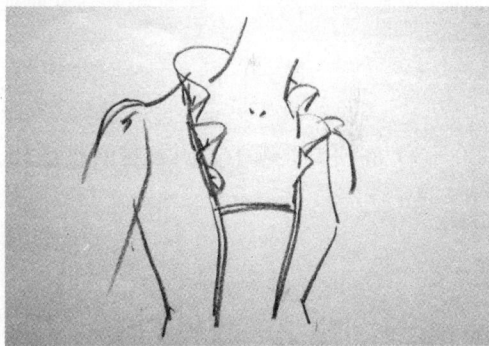

图6-1-2

这种类型的领子立体裁剪方法应该直接在衣片立体裁剪时完成，设计师要把领口线的设计当作是领子造型的一个关键审美线去构思和完成，但要注意前后裁片接驳的准确性，如图6-1-3（学生刘敏辉作业）所示。

图6-1-3

（2）扣领类：领子扣在颈围上，有最简单的立领类（如图6-1-4所示）、春秋两用领类（如图6-1-5所示）、衬衣领类（如图6-1-6所示）。扣领造型很丰富，如图6-1-7、6-1-8所示。

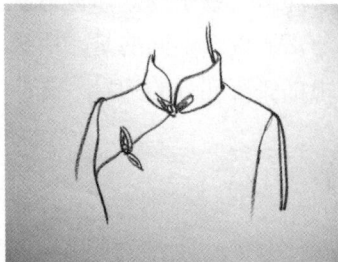

图6-1-4

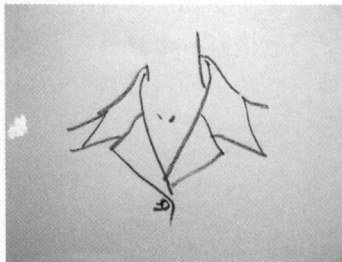

图6-1-5

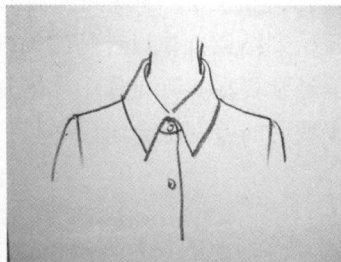

图6-1-6

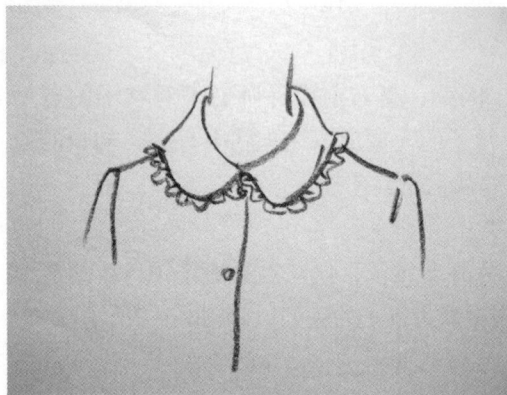

图6-1-7

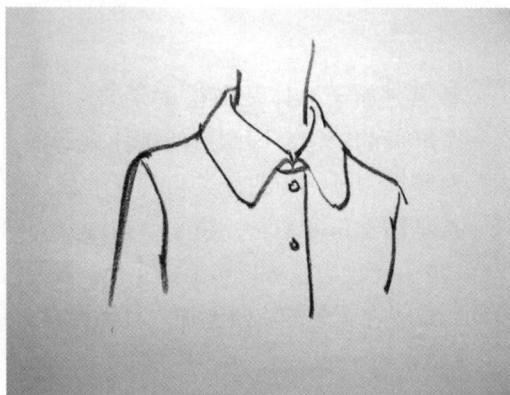

图6-1-8

（3）翻领类：领子连同衣身前襟翻开，如图6-1-9、6-1-10所示。

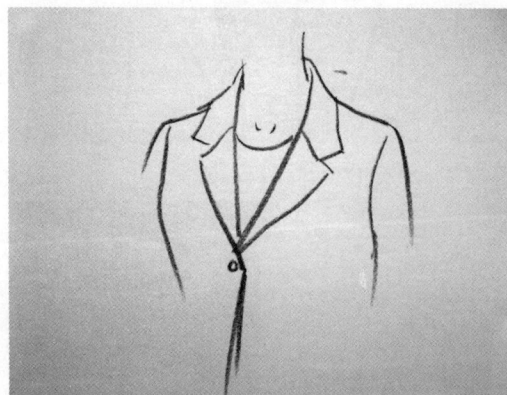

图6-1-9

图6-1-10

（4）平面领类：领子平面搭在衣身上，如图6-1-11、6-1-12所示。在平面领的基础上，可以变为水波领等，如图6-1-13、6-1-14所示。

从领子结构造型的角度来看，基本上领子的
结构都应该有一个定位，而对于一些造型很特别
的领子，可以根据这些造型理论去判断和完成。

还有一部分领子是通过立体裁剪手法随意
塑型的。例如，荡领，如图6-1-15所示，这些
领子一般是在平面领的基础上开拓思维表现的
延伸。

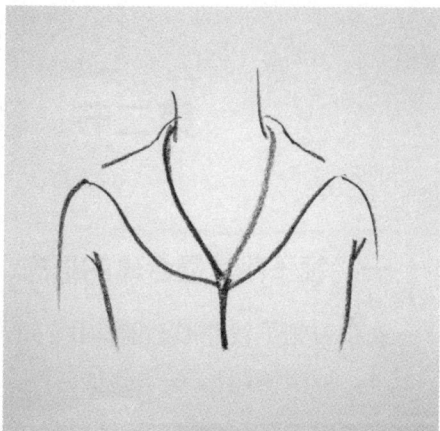

图6-1-11

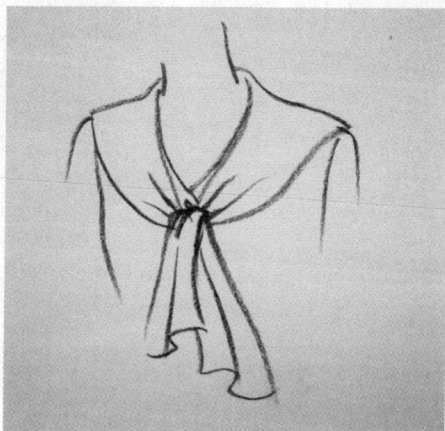

图6-1-12

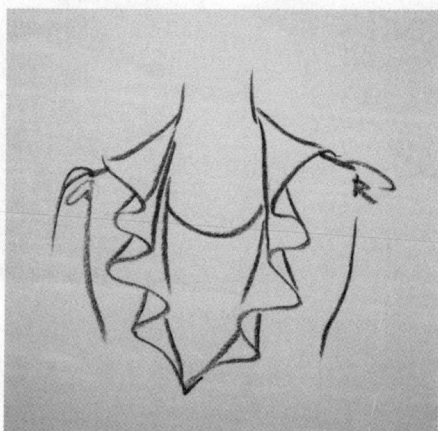

图6-1-13

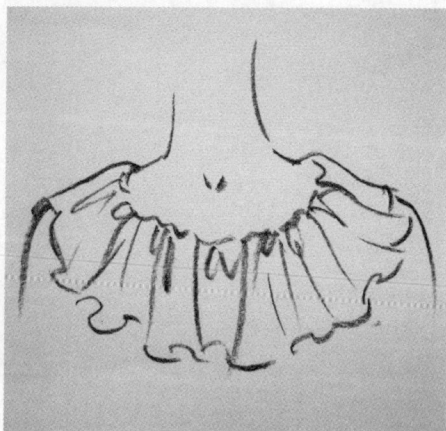

图6-1-14

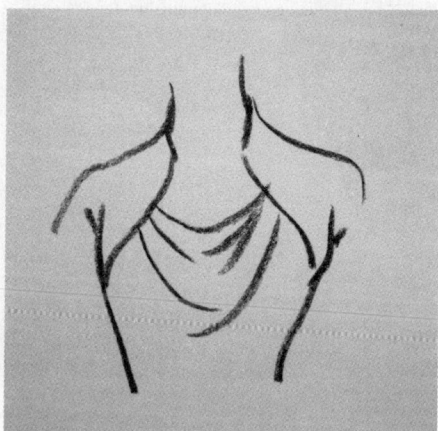

图6-1-15

第二节　领子裁片形态的认识

一、领子裁片最合体的形态

在学习领子裁片形态前，我们先做一个实验：在人台模特颈围上作一个最贴体的立领设计，如图6-2-1、6-2-2所示。

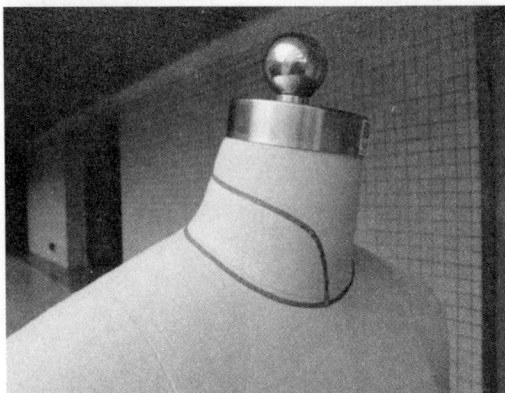

图6-2-1

图6-2-2

把这个立体裁剪的领片取下来，领脚弧线向上起翘3.5~4cm，如图6-2-3、6-2-4所示。从这个实验可以得出，领子贴合颈没有活动量时，最高起翘约3.5cm，因各人体型差异，这个数据并不适用于每个人，但是差别不会太大。

图6-2-3

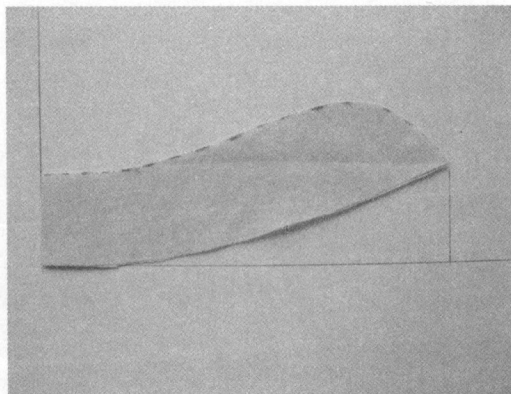

图6-2-4

二、加有适当活动量领子的形态

在这个合体裁片上，需要加入一定的活动量，我们可以把上领弧线剪开，放宽领子的上弧线，这时领脚弧线向上起翘就减少了。从实际经验中得出，领脚弧线向上起翘约2.5cm，领子呈最贴体状态，而3.5cm则是完全贴合。放松上领围线少许，也就是减少起翘量，这样就有一定的人体活动所需量，如图6-2-5、6-2-6所示。领脚弧线向上起翘越少，领子离人体颈越开，当领脚弧线呈反方向时，领子逐渐放平在肩膀上，如图6-2-7、6-2-8所示。

图6-2-5

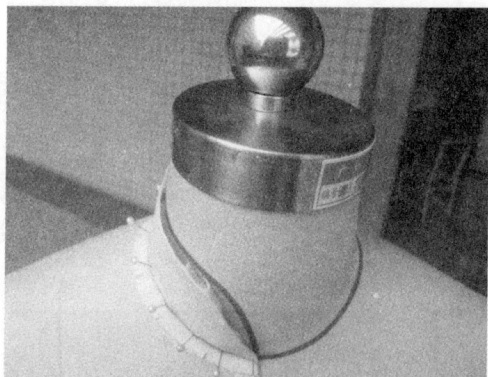

图6-2-6

图6-2-7

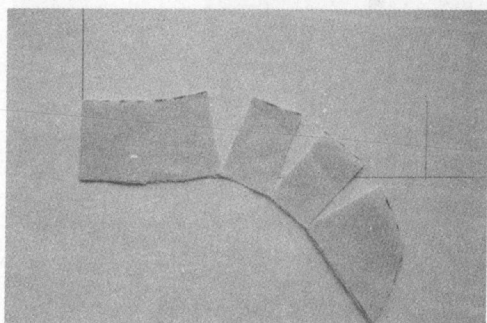

图6-2-8

三、上领弧线无限量放松领子的形态

当上领弧线放松至与人体前身和后身完全贴合时，这种形态称为"平面领"，如图6-2-9所示，在平面领之上继续放松，会产生水波纹领，这将在第三节中详细示范。

掌握以上领子造型的关系，对立体裁剪领子的备布有着重要的参考作用。

实例一：如图6-2-10所示，在对领子立体裁剪前，先分析这个造型的特点和类型。

图6-2-9

图6-2-10

（1）测量领子的大约长度，假如不是特殊的造型，一般领子立体裁剪都横取35cm。

（2）根据以上所做的实验，我们可以对领子的造型作一个预测数，设想按这个造型，领脚弧线是向上翘还是向下弯。但有一点可以肯定的是，向上翘最大量不可以超过3.5cm，比较合理的应该是2cm，当所追求的造型是更宽松的，领脚弧线也可以向上只起翘1cm，这个数据的预测需要我们在多次实践中得到更准确的量。领子立体裁剪的具体操作将在第三节中详细示范。

（3）成型图：如图6-2-11（学生付盼盼作业）所示，这是领脚弧线向上起翘1.5cm的成型。

实例二：如图6-2-12所示，领子造型离颈较开，备布时在我们的头脑中应该有一个预测型，这个领子的裁片型应该是领脚弧线向下弯，至于弯多少才满意则需要在实践中不断总结这些数据。

图6-2-11

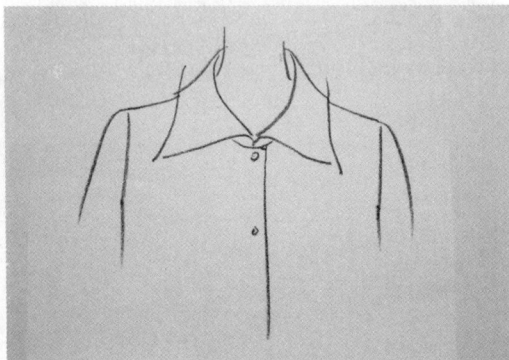

图6-2-12

（1）测量领子的大约长度，取布长30cm。

（2）按造型预计领脚弧线向下弯3cm，这将在第三节中有详细示范。

领子的立体裁剪，首先进行的备布和预画形非常重要，在设计师的头脑中，要有一个大约的造型后再开布。当然，还可以在具体的立体裁剪过程中不断修改和变化，目的是做到接近设计师心目中的理想造型。

第三节 领子立体裁剪的操作

一、扣领类的立体裁剪

实例一：立领，如图6-3-1所示。

图6-3-1

操作步骤：

（1）根据领子造型粘贴设计线，如图6-3-2所示。

（2）备布：测量领子的大约长度，取布长30cm。按造型预计领脚弧线向上起翘1.5cm，这个数字不会完全贴合颈部，有少许活动量。领子的高度按领子原计划设计的高度再加上下两个缝口的预量（约5cm），如图6-3-3所示。

图6-3-2

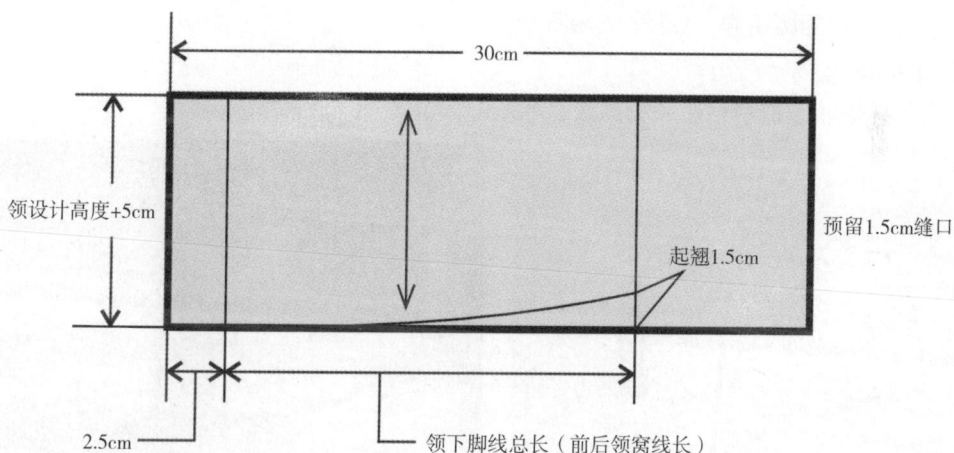

图6-3-3

（3）整烫备好的布，注意丝缕的横平竖直，领下线按起翘线修整，如图6-3-4所示。

（4）后领中线折叠入2.5cm，如图6-3-5所示。

（5）用垂直针固定领子，下领脚线缝口可以剪开刀口，如图6-3-6所示。

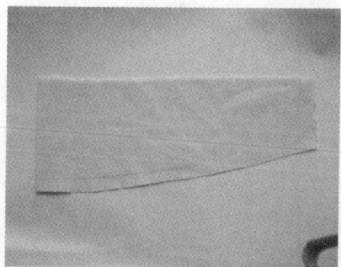

图6-3-4

图6-3-5

图 6-3-6

（6）按标志线造型修剪领子的造型，如图6-3-7所示。

成型作品，如图6-3-8（学生付幼亮作业）所示。

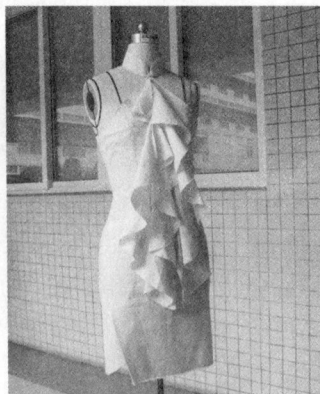

图6-3-7 　　　　　　　　　　　　　图6-3-8

实例二：扣翻两用领，如图6-3-9所示。

操作步骤：

（1）根据领子造型粘贴领脚高线，如图6-3-10所示。

图6-3-9 　　　　　　　　　　　　　图6-3-10

（2）备布：测量领子的大约长度，取布长30cm（可根据领子造型长度确定）。按造型预计领脚弧线向上起翘1cm，领子的高度应该是领脚高度加领面高度再加上缝口的预量（约5cm），假如领尖设计比较大，预量要相应加大，领尖也可随时加长，如图6-3-11所示。

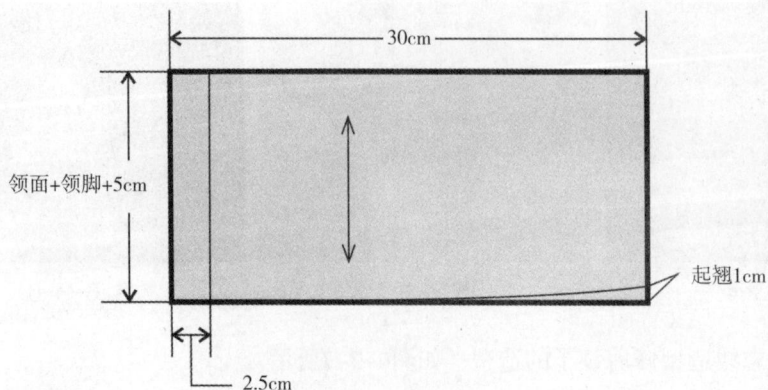

图6-3-11

（3）整烫备好的布，与实例一相同。

（4）用垂直针固定领脚线，如图6-3-12所示。

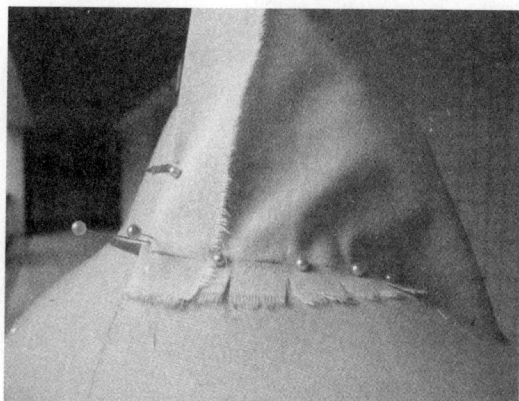

图6-3-12

（5）沿反领线整理好领子的造型，用标志线预画，如图6-3-13所示，或者直接用笔轻点画领子的造型，再折叠成型，如图6-3-14所示。

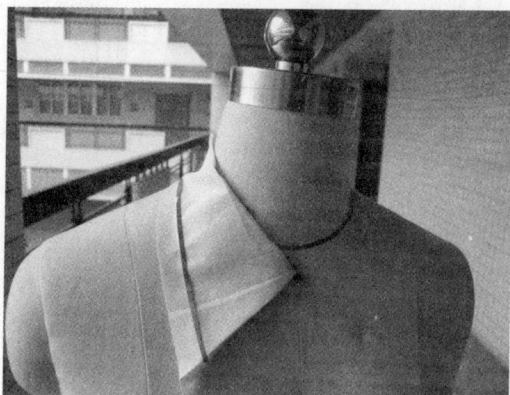

图6-3-13

图6-3-14

（6）修剪领子的缝口，预留缝口缝1cm，并折叠成型，如图6-3-15所示。成型作品，如图6-3-16（学生林灵芝作业）所示。

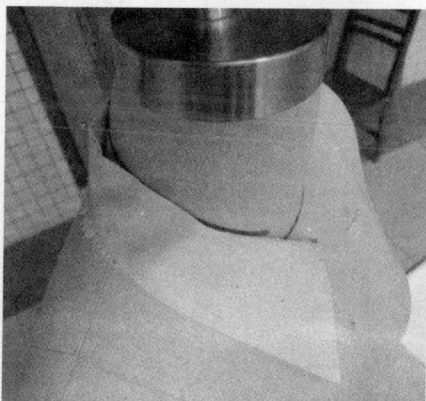

图6-3-15

图6-3-16

实例三：半平扣领，如图6-3-17所示。

（1）根据领子造型粘贴领脚高线，如图6-3-18所示。

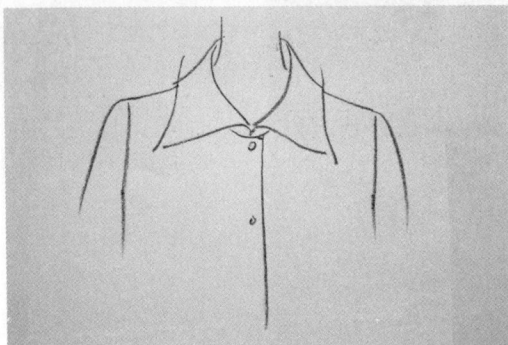

图6-3-17

图6-3-18

（2）备布：测量领子的大约长度，取布长30cm（可根据领子造型长度确定）。按造型预计弧线向下弯3cm，领子的高度应该是领脚高度加领面高度再加上缝口的预量（约7cm），要注意这种类型的领子领面量比较大，如图6-3-19所示。

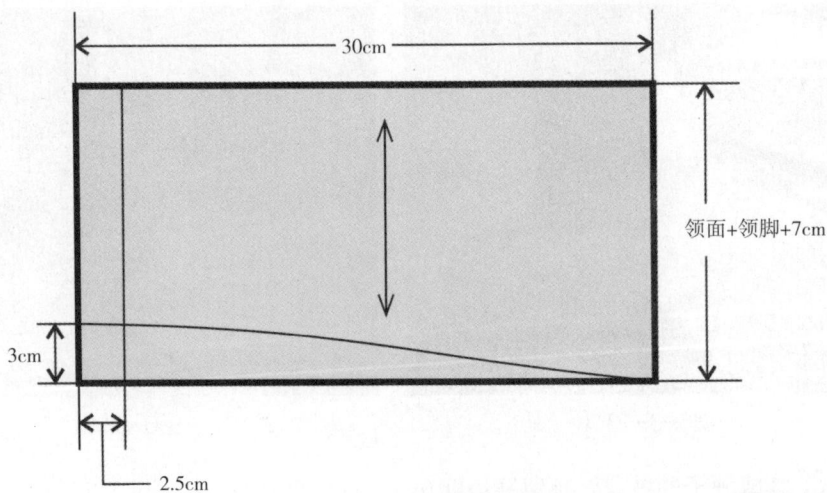

图6-3-19

（3）整烫备好的布，与实例一相同。

（4）用垂直针固定领脚线，如图6-3-20所示。

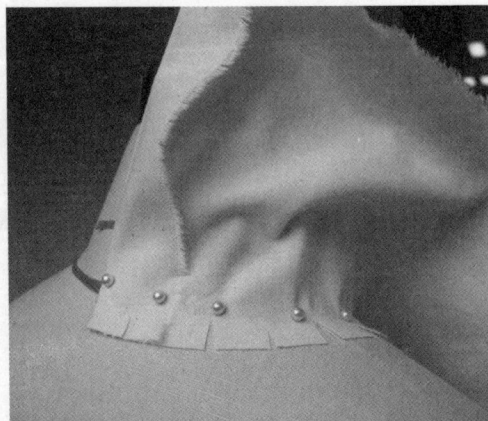

图6-3-20

（5）沿反领线整理好领子的造型，用标志线预画，如图6-3-21所示，或者直接用笔轻点画领子的造型，再折叠成型，如图6-3-22所示。

图6-3-21

图6-3-22

（6）修剪领子的缝口，预留缝口缝1cm，并折叠成型，如图6-3-23所示。
成型作品，如图6-3-24（学生陈锦洋作业）所示。

图6-3-23

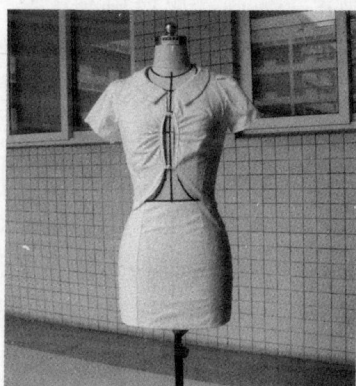

图6-3-24

以上实例都是随意地列举，设计师可以自行设计领脚高、领面高及造型。

二、完全平面领及水波领类的立体裁剪

实例：完全平面领，如图6-3-25所示。

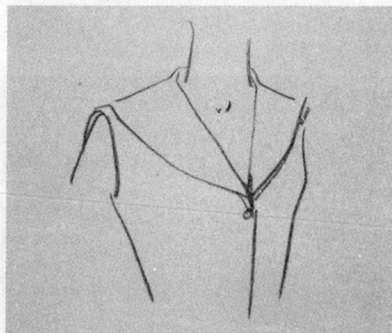

图6-3-25

（1）根据领子完全放平的造型粘贴标志线，如图6-3-26、6-3-27所示。

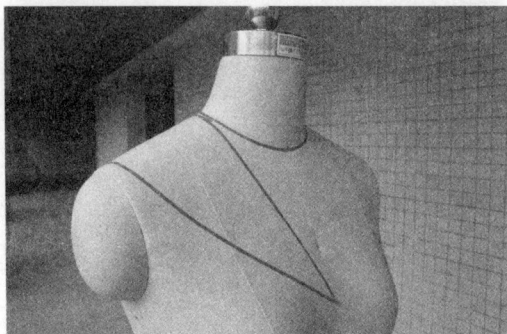

图6-3-26

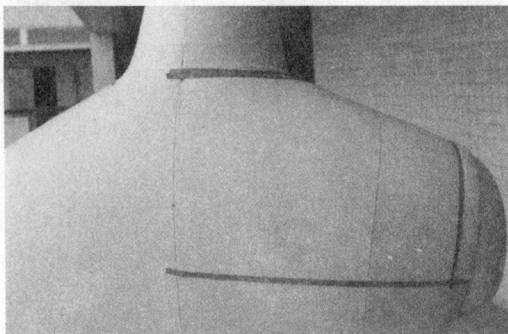

图6-3-27

（2）备布：测量领子的大约长度，取布长35cm（可根据领子造型长度确定），高度应该由领子整个高度加上领子向前下开的深度而确定，取45cm，后领窝横度实际数据为7~8cm，应考虑加上缝口，约5cm，如图6-3-28所示。

（3）固定后中心，向前铺平，如图6-3-29、6-3-30所示，多余量可以修剪掉，如图6-3-31、6-3-32所示。

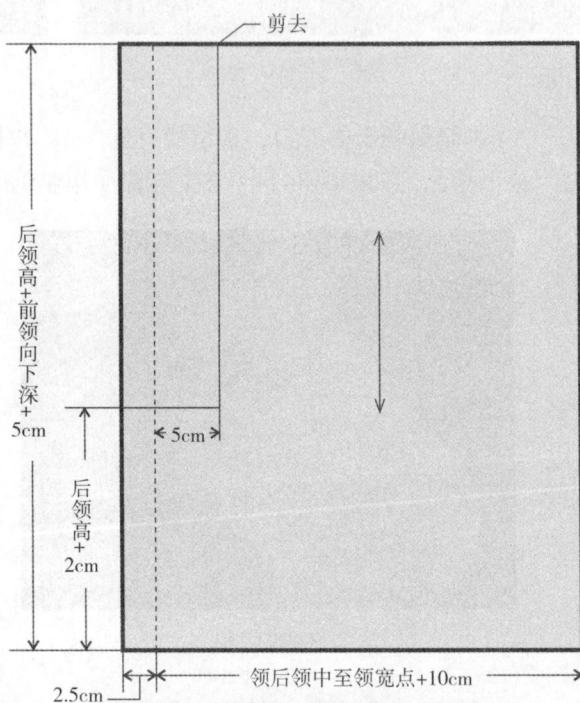

图6-3-28

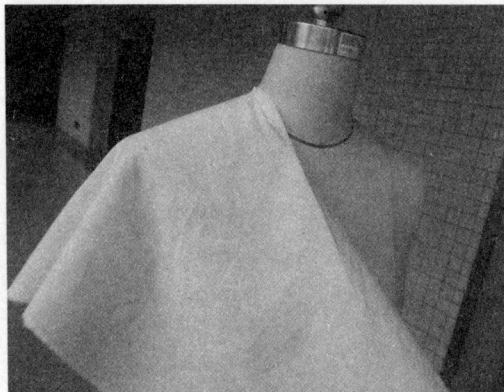

图6-3-29

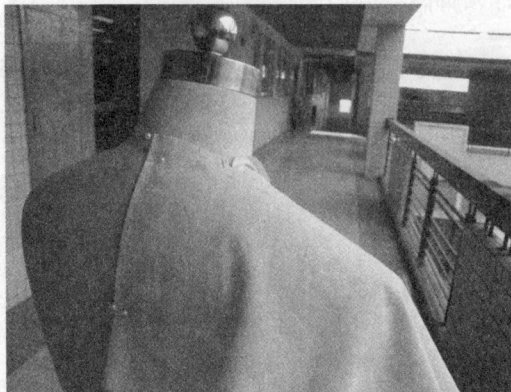

图6-3-30

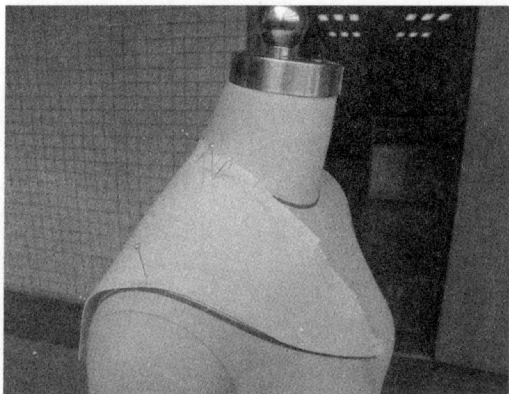

图6-3-31

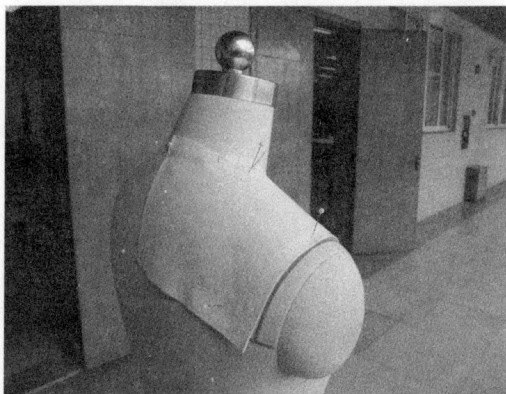

图6-3-32

（4）操作步骤与以上款式相同，定领子造型，修剪定型，如图6-3-33、6-3-34所示。

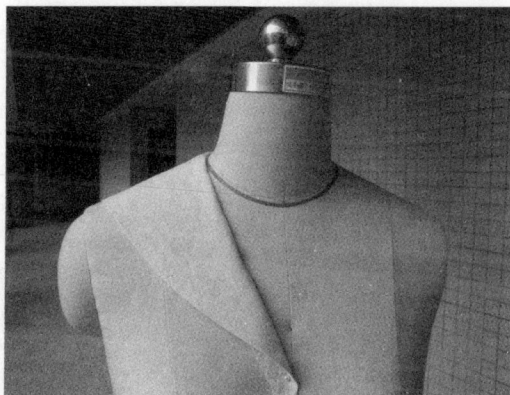

图6-3-33

图6-3-34

三、水波领类的立体裁剪

实例：水波领，如图6-3-35所示。

（1）根据领子大概完全平放的造型粘贴标志线。

（2）把前片领子造型及后片领子造型分别取样，在肩缝处拼合，并作记号线，如图6-3-36所示。

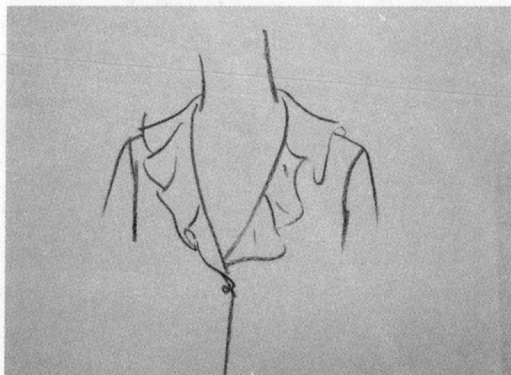

图6-3-35

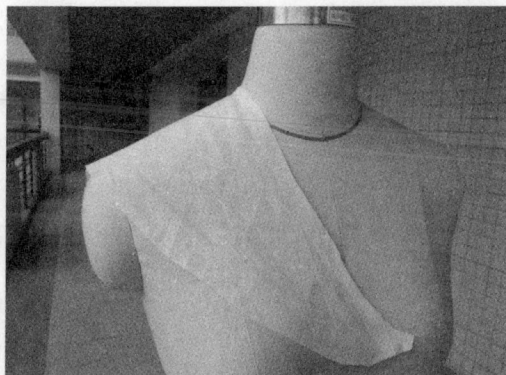

图6-3-36

（3）在这个领子造型上确定水波打开量，如图6-3-37、6-3-38所示。

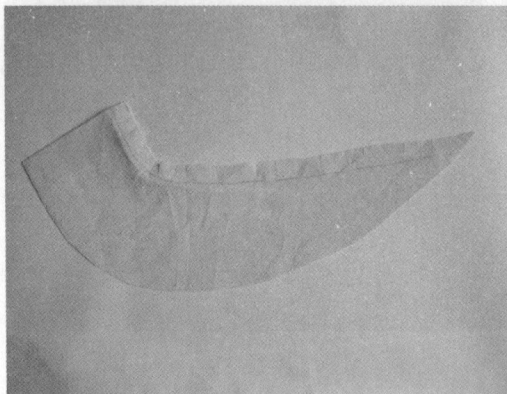

图6-3-37

图6-3-38

（4）重新画领裁片的造型，注意取布纹的经纬向，水波领以斜纹向最为合适，如图6-3-39、6-3-40所示。

图6-3-39

图6-3-40

四、翻领类的立体裁剪

实例：翻领，如图6-3-41所示。

（1）备布：要准备衣身及领子的布料，衣身的备布方法与原型操作是相同的，所不同的是长度以及前襟反领造型的预量，如图6-3-42所示；领子的备布方法与扣翻两用领相同。

（2）按原型的操作方法上针，注意胸高点与前中线要对齐，如图6-3-43所示。

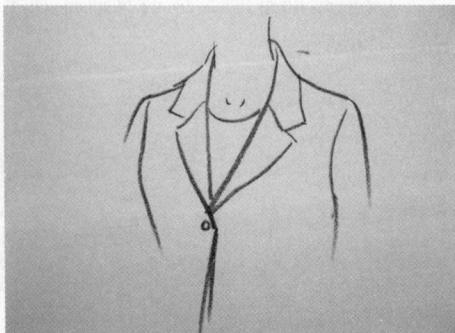

图6-3-41

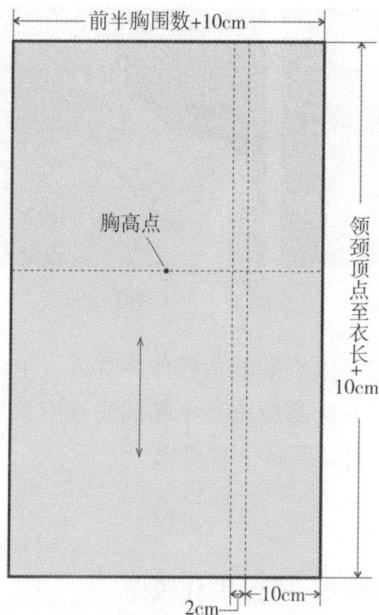

图6-3-42

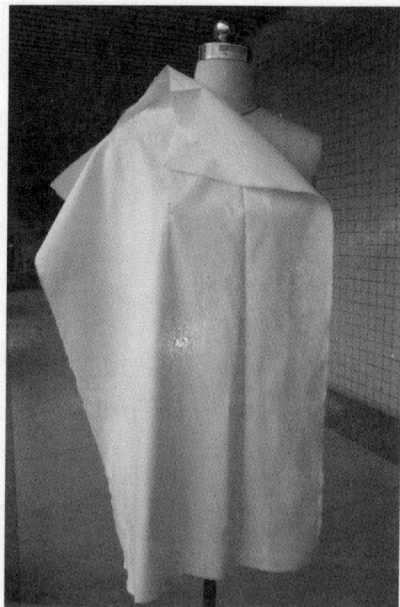

图6-3-43

（3）根据翻领的造型把前衣片的襟造型折叠好，或用标志线作记号，如图6-3-44、6-3-45所示。

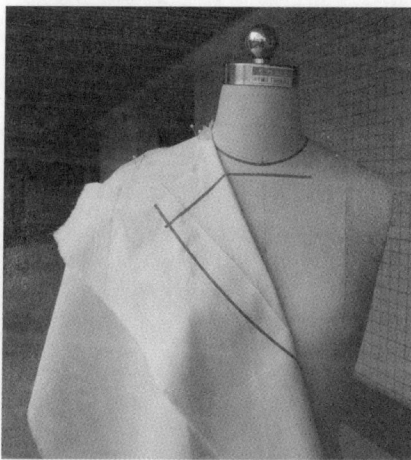

图6-3-44

图6-3-45

（4）按照扣翻两用领的方法操作领子，如图6-3-46、6-3-47所示。

（5）折叠前领嘴的造型，并与前襟嘴造型衔接，如图6-3-48所示。

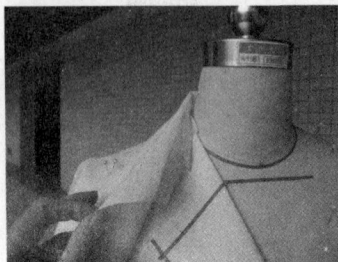
图6-3-46

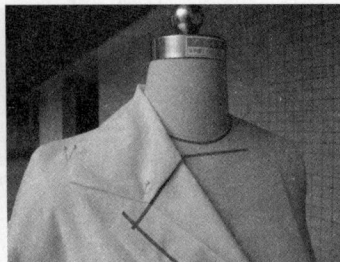
图6-3-47

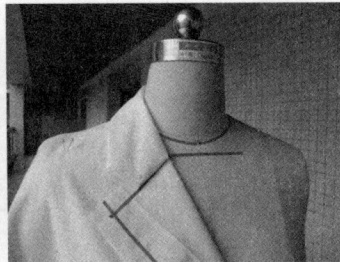
图6-3-48

　　领子的设计方法很多，各种手法及造型设计除了以上的基本操作方法外，更多的是靠设计师的聪明才智和立体造型的巧妙方法。这些方法都应该在不断的实践中积累及开拓，并没有一个固定的模式。手法越多越巧妙，造型设计越丰富多彩。

思考练习题

用立体裁剪方法完成立领、平面领、扣领、翻领各一个，并作脱样。

第七章　**袖子的立体裁剪**

立体裁剪的过程，包括构思和策划阶段、制作阶段、展示阶段。整个过程需要一个整体的策划，从开始设计到实施都要有计划，并且在每个阶段中都按照这个策划去完成。袖子的立体裁剪也不例外，从着手立体裁剪开始，就必须考虑袖子的构成形式、与衣身的接驳关系等。袖子是安装在衣身上的，因此对袖子的立体裁剪不可以只针对袖子，而应该在衣身成型数据的基础上先作判断，再作具体的操作策划。

第一节 平袖的立体裁剪准备

对于袖子的结构设计，相对来说，平面裁剪比立体裁剪要方便和快捷，大多数袖型的结构设计应用平面裁剪已非常广泛；而对于一些特殊结构尤其是插肩类型的袖子，则适于使用立体裁剪的方法，成型的直观效果明显。因此，对袖子的结构设计不一定都使用立体裁剪的方法，如平袖类、二片袖类则推荐使用平面裁剪的方法，因为这种方法比较准确，造型速度快。以下对平袖的立体裁剪方法稍作介绍，为将要学习的插肩袖作铺垫。

一、平袖所涉及的体型尺寸

（1）袖长：从肩端点量至所需要的长度，如图7-1-1所示。
（2）肘长：从肩端点量至肘围线，如图7-1-2所示。

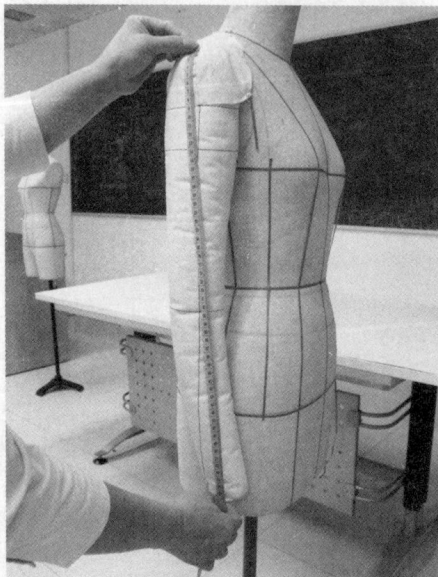

图7-1-1

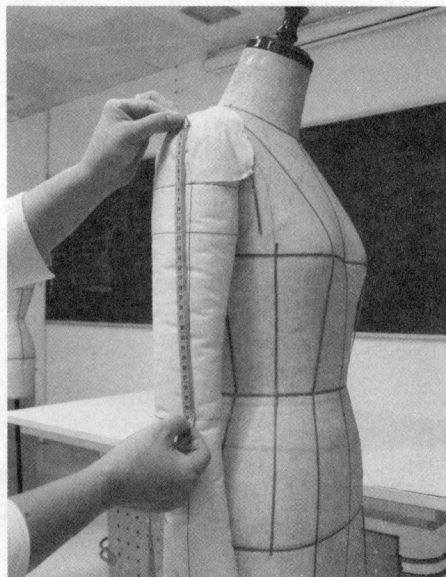

图7-1-2

（3）手臂根围：在手臂根部水平围量一周，需要加放活动量5~8cm或者更宽，如图7-1-3所示。

（4）手腕围：在手腕围处水平围量一周，需要加放活动量7~12cm或者更宽，如图7-1-4所示。

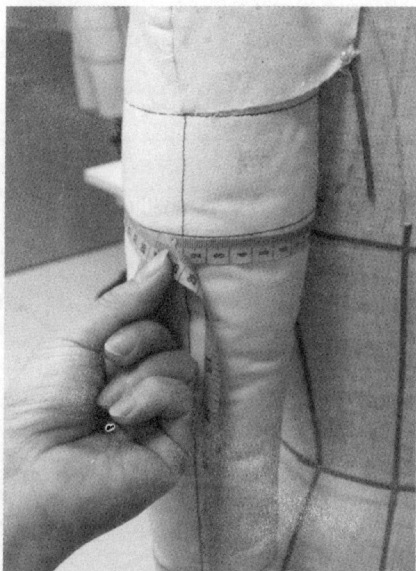

图7-1-3

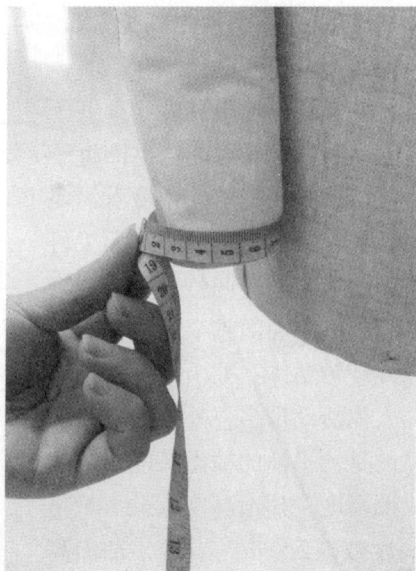

图7-1-4

（5）袖口围：在袖长落至手臂处水平围量一周，需要加放活动量7~12cm或者更宽，假如袖长刚好设计在袖肘线上，袖口加放量则应再加大，以保持手肘部有充足的活动量。

（6）衣身前夹圈数据：在衣身前夹圈部位量取数据。正确的量度方法是用软尺垂直测量，如图7-1-5所示。

（7）衣身后夹圈数据：用与（6）相同的量度方法在衣身后夹圈部位量取数据。

（8）衣身夹圈高度：垂直量度衣身夹圈高度，如图7-1-6所示。

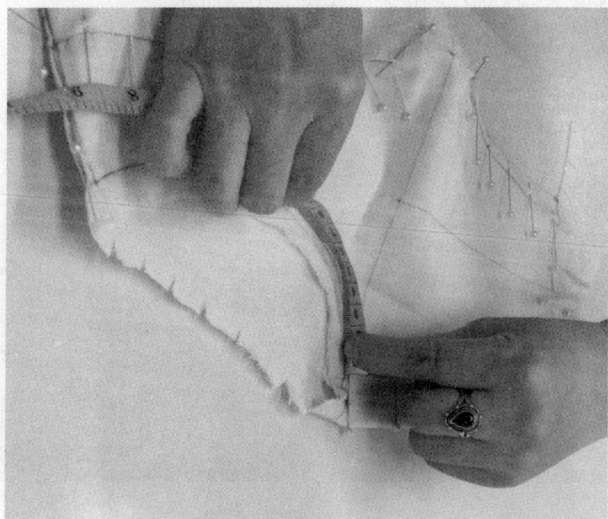

图7-1-5

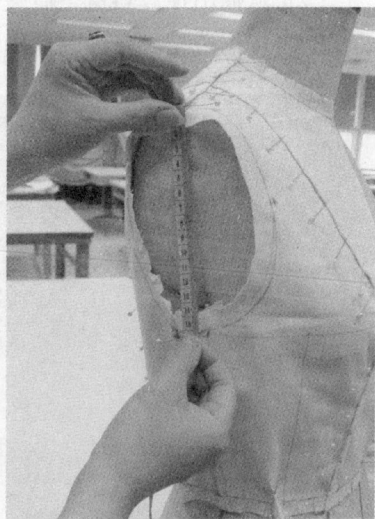

图7-1-6

二、备布

（1）按布料整理步骤截取布料并熨烫。

（2）按以下方法预先画线，如图7-1-7所示。

夹圈高的取值有一定的要求，从拼接关系上看，袖山高度必须低于夹圈高度，袖弧线才可能与夹圈近于相等拼接。从服装美学的角度看，要求袖山弧线比夹圈弧线长约1cm（可根据不同的造型进行调整），一般来说，袖山越高，袖围越窄，人体活动量少，外观较贴体；袖山越低，袖围越宽，人体活动量多，外观较宽松。要注意的是，平袖的袖山高度不可能高于夹圈高度，袖山高度取最大量是夹圈高度数减2.5cm。当然，袖山高度数可随意取小，甚至取零也是常见的。我国著名的中式上衣袖山高度就取零，活动量大，但人体静止时，腋窝下就会出现大量的皱纹。因此，袖山高度应该根据造型要求来确定。

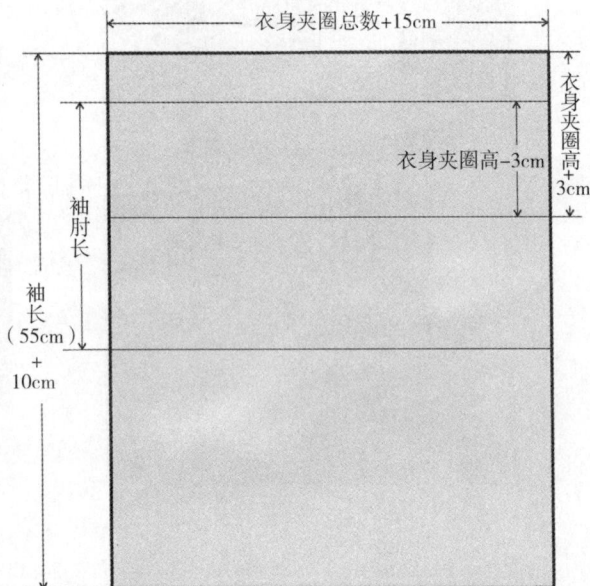

图7-1-7

三、设计袖山造型

在备布基础上预画袖弧线：

（1）在布中作一条中心线，从袖山顶点斜量（前夹圈数值）与袖宽线相交。

（2）从袖山顶点斜量（后夹圈数值）与袖宽线相交，如图7-1-8所示。

（3）根据造型设计预画袖山弧线，如图7-1-9所示。

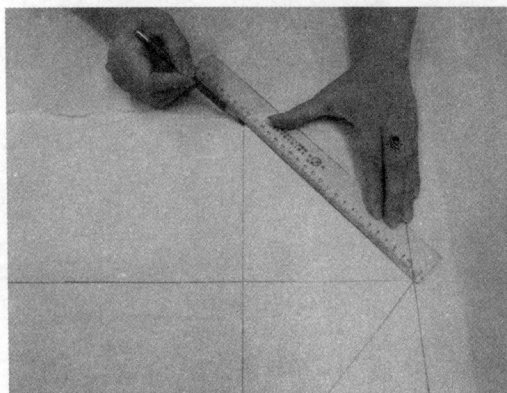

图7-1-8

图7-1-9

第二节 袖与衣身的组合

袖与衣身的组合，先把上衣正确地针在人台模特上，袖子也应该先进行针缝。

一、平针法预缝合袖

平针法预缝合袖，如图7-2-1、7-2-2所示。

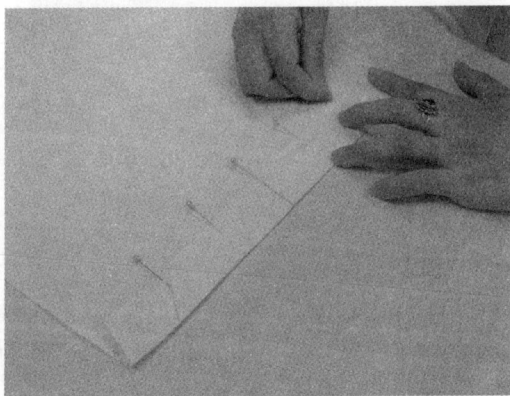

图7-2-1

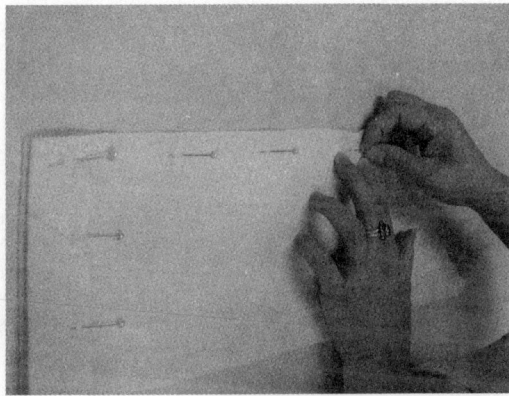

图7-2-2

二、用潜针法装袖

应该注意袖山头应有少量袖头溶量，如图7-2-3、7-2-4所示。

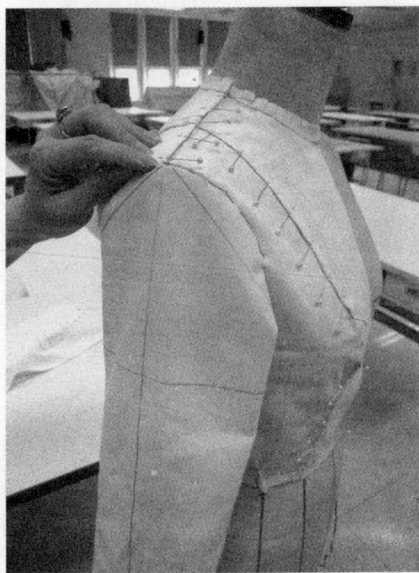

图7-2-3

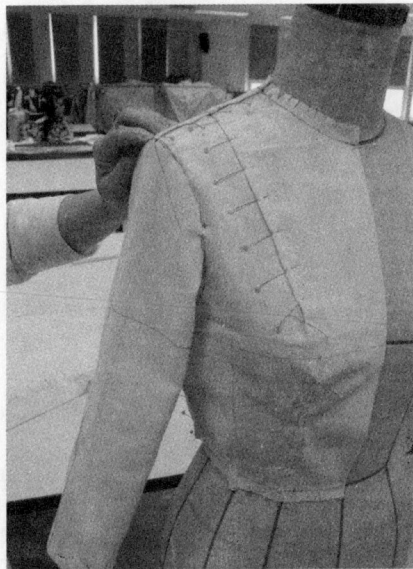

图7-2-4

本章仅对平袖进行了立体裁剪方法的示范，而袖子立体裁剪的最大优势是对插肩袖及不规则袖型设计的任意操作，这是平面结构设计所不能达到的效果。

思考练习题

在原型基础上完成一只平袖的立体裁剪。

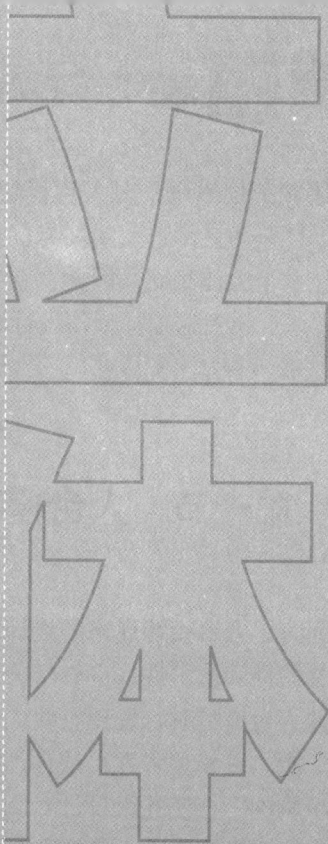

第八章　立体裁剪的补型技术

在立体裁剪技术中，对人台模特补型的目的有两个：一是人台模特与人体体型差距的补型，二是为艺术造型需要专门进行的补型。这两种补型方法在操作上有一定的差别，但在技术上大体相同。因此，在对人台模特进行补型工作前，应该先确定补型的目的及工艺要求，再对这项补型作设计和策划。

第一节　人台模特与人体体型差距的补型

一般而言，人台模特规格的设计是对标准人体尺寸进行归纳后确定的，因此其规格尺寸带有普遍性和艺术性，也有部分是专门为某种设计目的而设定特殊的尺寸。例如，我们在挑选人台模特时，发现有些人台模特的胸围尺寸十分夸张，腰围尺寸有意缩小，造成了胸、腰、臀相差很大，这种类型的人台模特是专门为礼服设计而制作的，因为有意地夸张了胸围，会使礼服设计对胸高的补型工序减少。因此，在立体裁剪前必须要对人台模特进行严格的挑选，并量度细节的尺寸。

实际上，并不是每个人的体型都符合标准尺寸规格。最简单的例子是，由于女性经常右肩背挎包，大部分女性体型的右肩都比左肩要平，这样就造成了左右肩不对称；更多的是由于人台模特的规格普遍化、理想化，使得我们的体型与人台模特有一定的差距，这些差距就要通过补型技术来调节。

对人台模特与人体体型差距的补型，一般用铺棉的方法来解决。作为立体裁剪师，要明确的一点是，人台模特与人体体型差距补型用到的补型棉，在实际的立体裁剪成品中是不存在的。补型后的人台模特相当于真实的人体体型规格，无须对这些补型棉作处理，但是，要注意补型操作中的平整性和过渡性。人台模特与人体体型差距的补型比较常见的部位有：

1. 胸高的补型

近年来，由于隆胸的流行使得部分人体的胸高比实际标准胸高大，也由于南北体型的差距、遗传等因素，部分人体胸高与人台模特有差距，这时就需要补胸。补胸操作方法有两种：差距小的，可以铺一层薄薄的棉，按体型尺寸一层一层地逐渐增加，如图8-1-1所示；差距大的，可以直接用胸罩的海绵垫，边的固定用小头插针，直插到底，操作时注意所补的胸高与人台模特接合要平滑。为了清楚地看到针的位置，在图示中使用的是带珠头的针。

2. 肩的补型

在人台模特与人体体型差距的补型项目中，对肩的补型一般是针对比较贴体的服装，用直接加入棉肩垫的方法，如图8-1-2所示。按体型尺寸用一层一层逐渐增加的方法，这种方法需要在确定补型量后，先用白坯布把这些补型棉固定和包合，再用直插针固定。

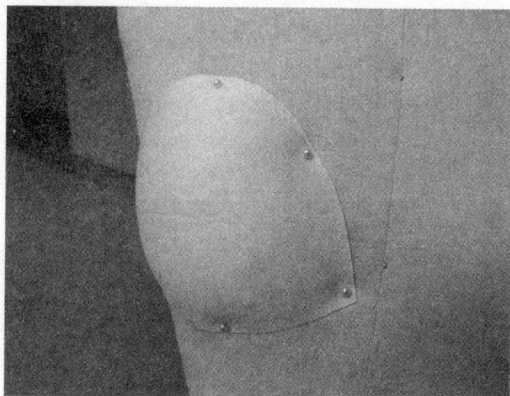

图8-1-1

图8-1-2

3. 腰的补型

腰的补型用逐渐增宽的方法，在腰部把白坯布一层一层地往腰铺，至达到尺寸要求为止，最里面的一层布要窄，第二层比第一层稍宽，最外面的最宽，要与人台模特平滑地接合，如图8-1-3（学生初明作业）、8-1-4（学生付幼亮作业）所示。

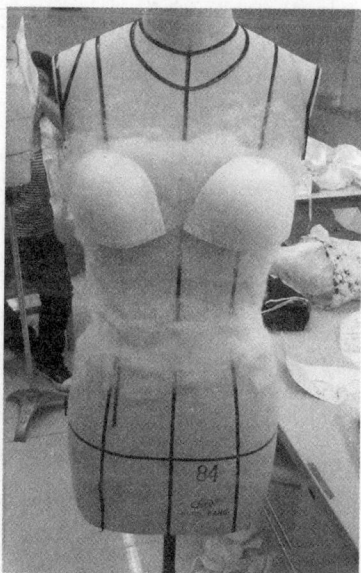

图8-1-3

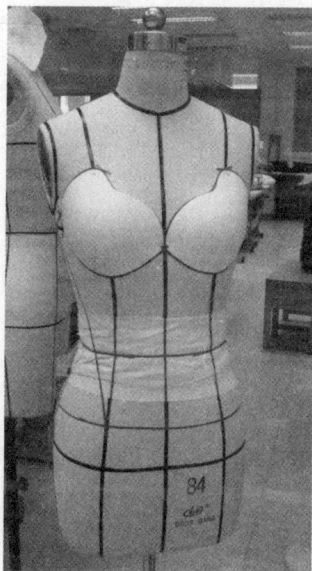

图8-1-4

4. 胯和臀的补型

胯和臀的补型与胸的补型方法是相同的，可以按体型尺寸用一层一层逐渐增加的方式，也可以用肩棉补型方式，如图8-1-5（学生李丽云作业）所示，要注意与腰臀的圆滑接合和曲线的流畅。

5. 背的补型

背的补型出现几率比较小，在男装的立体裁剪中相比女装要频繁得多，一般方法如

图8-1-6所示。

6. 胸腹部的补型

　　胸腹部的补型出现几率也比较小，广东人体型出现胸腹部补型的几率相对北方人体型要高，一般方法如图8-1-7（学生初明作业）所示。

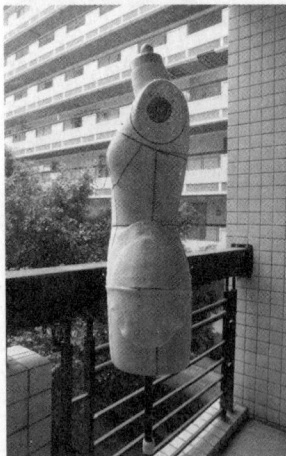
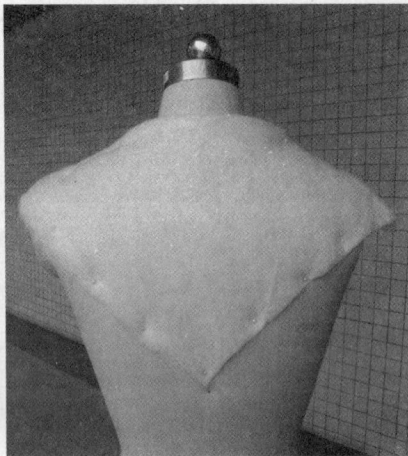
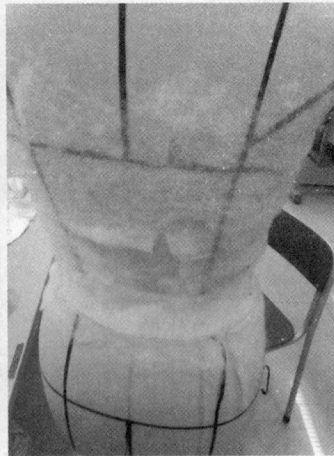

图8-1-5　　　　　　　　　图8-1-6　　　　　　　　　图8-1-7

　　人台模特与人体体型差距的补型只起到微调人台模特尺寸的作用，不需要另外拆下来，其最基本的要求是补型后的棉与人台模特平滑接合，最后必须重新检查一次补型后的人台模特规格的准确数据。

第二节　艺术造型的制作

　　补型的另一个目的是艺术造型的制作，包括专门的造型设计。艺术造型的制作有多种方法，最直接的方法就是补型。当然，这只能解决小造型，更夸张的造型需要加入支架或其他手段。一定要注意的是，艺术造型的补型和人台模特与人体体型差距的补型不同，艺术造型的补型一直附在服装上，可以合为一体，也可以分为两体，这个造型跟随服装同时发挥作用，而人台模特与人体体型差距的补型随着立体裁剪的结束，服装与这个造型是完全分离的。因此，艺术造型的补型更讲究质量、固定、使用、材料等方面的准确性。

　　一般来说，艺术造型的制作方法有以下几种：

一、手缝制作造型方法

　　手缝制作造型方法比较方便使用，材料简单，容易把握造型效果，一般用于小造型的设计。手缝制作造型的大小，要与工艺设计一起进行，怎样利用服装内结构缝来固定这个造型，是手缝制作造型的关键问题。大多数手缝制作造型都通过服装内结构缝来固定，也可以用吊带形式吊挂在腰间或者是造型附近的受力地方。对内结构的设计要花一定的精力，如何做到结构简单、造型稳定、工艺巧妙等是所要思考的问题。

操作步骤：

示范图例：图8-2-1（学生秦笑金作业）。

图8-2-1

（1）在需要作造型设计的部位垫一块布。

（2）根据造型需要铺棉，一层一层地逐渐加棉，注意棉膨胀度比较大，加棉要加至比要求的造型大一些，预计压下后的造型，如图8-2-2所示。

（3）用一片面布包住这个造型，用斜八字针法固定这个造型，边缘用锁边机固定，如图8-2-3所示。

（4）确定造型的支点，加支撑吊挂带等，大多数手缝造型都通过内结构缝来固定，置于面料与里料之间，发挥造型的作用，如图8-2-4所示。

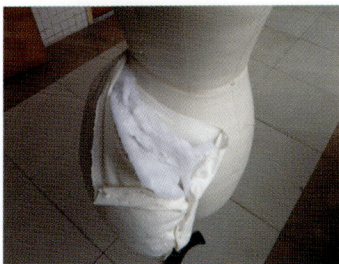

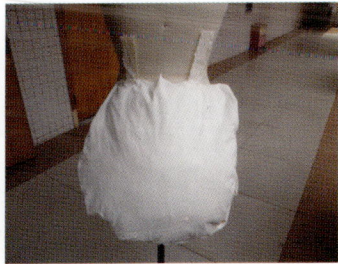

图8-2-2   图8-2-3   图8-2-4

（5）完成，如图8-2-5所示。

手缝制作造型非常丰富，对肩的造型设计是最普遍的，如图8-2-6、8-2-7（学生黄淑琪作业）所示，腰、臀等部位的造型设计也是很常见的。

图8-2-5

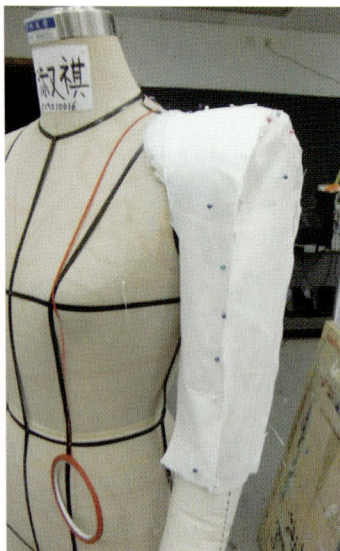
图8-2-6

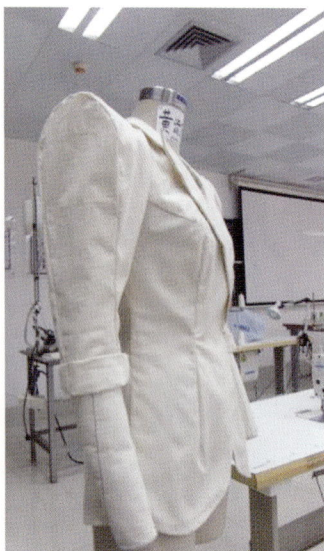
图8-2-7

二、裙撑辅助造型

裙撑辅助造型在婚纱设计中最常用，如图8-2-8（学生刘敏辉作业）所示。裙撑的设计和制作可以根据裙外形要求设置，裙撑可以由一个、两个、三个或多个铁圈组成，铁圈的大小可以根据造型要求而定，可以制成直式、筒式、蛋式等造型，制作方法一目了然，非常简单，如图8-2-9（学生黄淑琪作业）所示。

图8-2-8

图8-2-9

三、借用其他辅助材料造型

　　造型的手法是多样的，创新程度非常高，用铁丝造型、泡沫雕型、竹子编型、塑料撑型等手法层出不穷。随着高科技的发展，创新的手法更是让人意想不到。例如，2007年全国大学生运动会开幕式用羽毛辅助服装造型、2008年北京奥运会开幕式用灯光和激光辅助服装造型、2010年广州亚运会开幕式以溅起的水花辅助整体造型……因此，在高科技飞速发展的今天，服装造型的创新很难用固定的手法来概括。

　　用竹篾作裙撑造型，如图8-2-10、8-2-11（学生陈艺斯作业）所示。

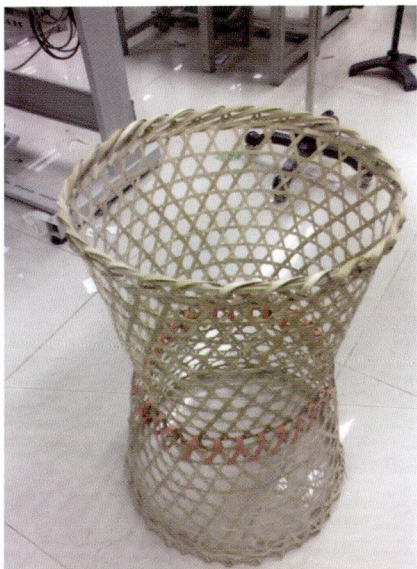

图8-2-10

图8-2-11

　　用铁丝编织造型，如图8-2-12（学生刘嘉雯作业）所示。

　　用纸内撑造型，如图8-2-13（学生纪群作业）所示。

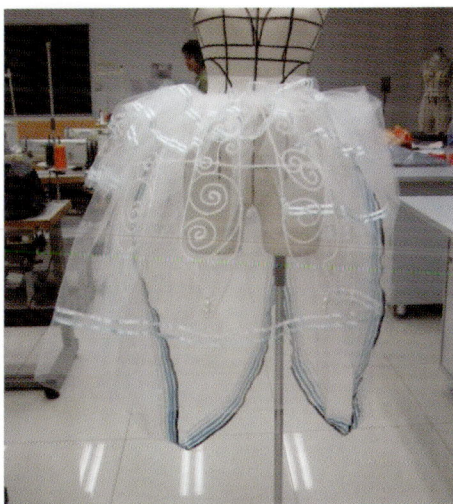

图8-2-12

图8-2-13

用塑料胶圈造型，如图8-2-14、8-2-15（学生李丽云作业）所示。

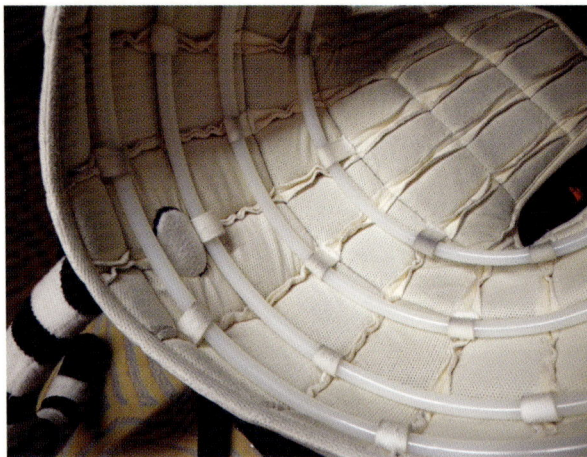

图8-2-14

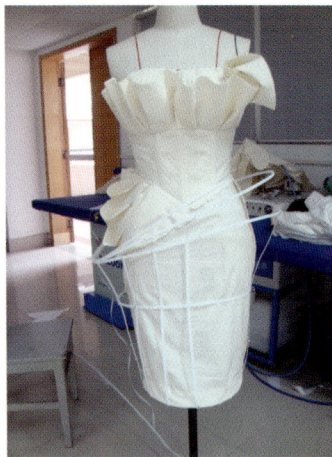

图8-2-15

　　艺术造型的创作是服装设计的重要内容，用什么手段、什么材料去造型以达到设计所预想的效果，是服装艺术补型或造型制作的难题；而从艺术补型或造型制作的角度进行创新设计，也是当今服装设计师追求个性化设计的热门话题。

第九章　　带分割线上衣的立体裁剪

公主式连衣裙是带分割线款式设计的典型代表。在立体裁剪技术中，带分割线设计的上衣或裙子是比较普遍的款式，但很多款式的分割线设计是不规则的，其随意性较大，因此设计师不得不选择立体裁剪的方法。如图9-0-1（学生徐婉婷作业）所示，分割线比较复杂，也不规则，平面制板的方式难以操作。本章将以带分割线上衣的操作方法为例，其他种类带分割线的操作技术与此相同，但放松量还要根据具体的款式来确定。

图9-0-1

第一节　带分割线上衣的立体裁剪操作方法

带分割线的服装包括很多种类，如上衣、裙子、裤子、连衣裙、大衣等，分割线的设计几乎应用在所有的时装结构设计中。分割线的类型有很多，常见的有横向分割线、竖向分割线、斜向分割线等。一般常见的且比较规则的分割线可以使用平面制板的方式来解决，因为平面制板省时省工，把握性比较大，但复杂的、不规则的分割线设计只能通过立体裁剪来解决。

本节以带分割线上衣为例进行示范教学，其他款式的操作方法和技术与此相同。

一、立体裁剪的准备

（1）分割线的定位设计：根据造型设计预先在人台模特上粘贴分割线，分割线的走向要注意线与造型、线与线、线与点之间的审美。分割线的定位设计非常关键，它是确定整体造型的基础指引，前后分割线在肩部位应该对合，如图9-1-1、9-1-2所示。

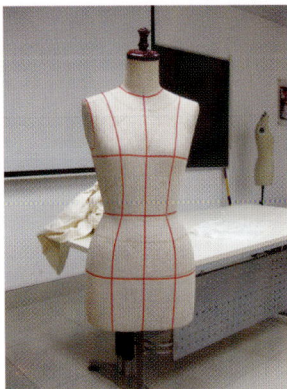

图9-1-1

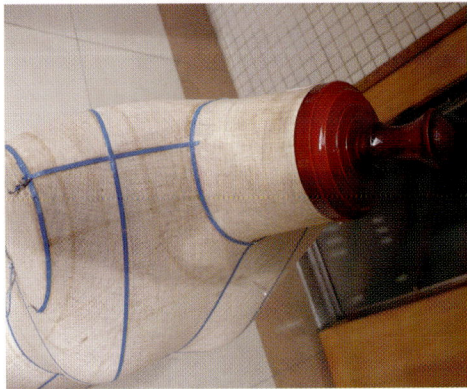

图9-1-2

（2）备布：按照分割线的位置划分裁片，逐一裁片备布，注意预留适当的长度和宽度，经纬向设计要准确，按照原型的备布方法先用笔确定胸围线和胸高点。

（3）布料的整理。

二、衣片的立体裁剪操作

（1）确定胸高点，按原型的操作方法，做好前衣片，如图9-1-3、9-1-4所示。

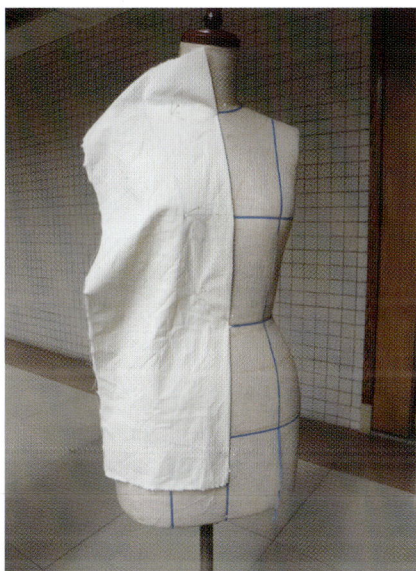

图9-1-3

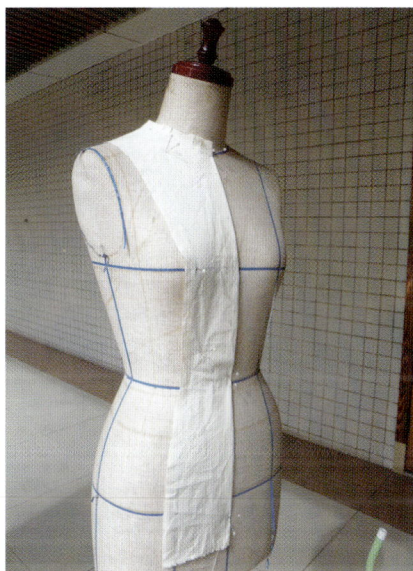

图9-1-4

（2）在侧片的中间线确定经向，可以先粘上一条标志线作记号，如图9-1-5所示，并略微固定侧片的经向，用缝合针操作，与前中片缝合至满意为止，如图9-1-6所示。

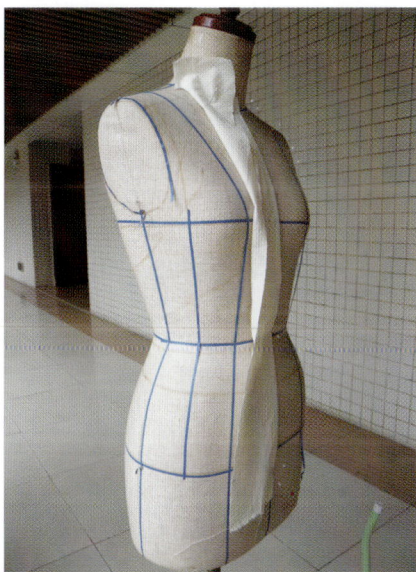

图9-1-5

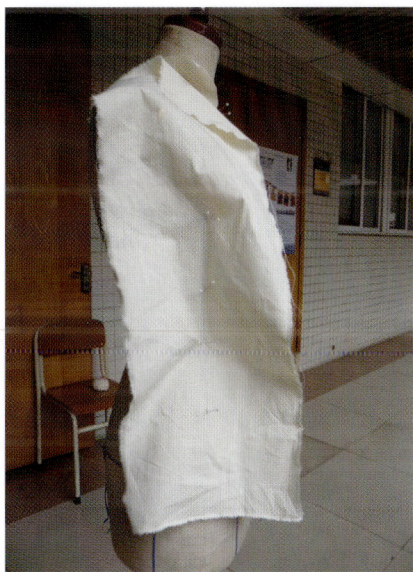

图9-1-6

（3）整理前侧片，操作方法与原型相同，如图9-1-7所示。

（4）按照针确定的位置点画公主线，并用6字弧线尺画顺公主线，然后用折叠针法固定公主线，如图9-1-8、9-1-9所示。

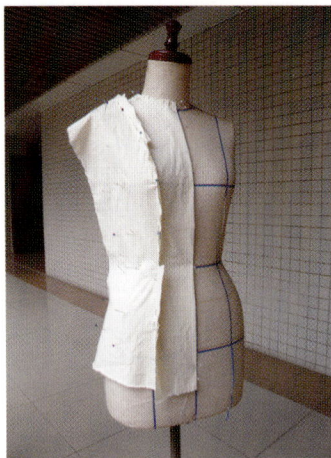
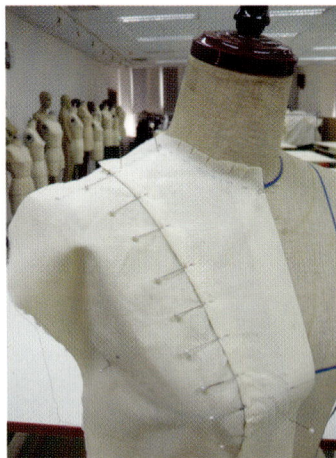

图9-1-7　　　　　　　　　　图9-1-8　　　　　　　　　　图9-1-9

（5）按照原型的操作方法确定前片，并作记号、预松量。

前后分割线的操作方法相同，分割线并合后的操作方法与原型的操作方法相同。

三、分割线课题学生作业展示

如图9-1-10、9-1-11（学生陈燕作业）所示：

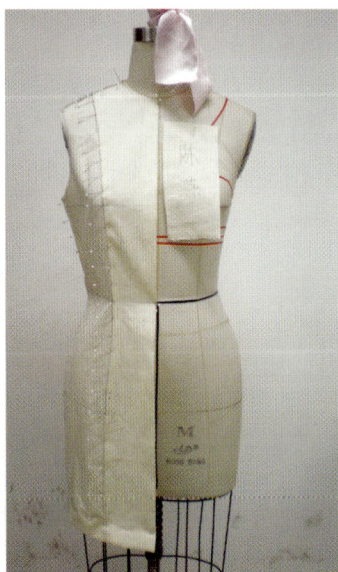
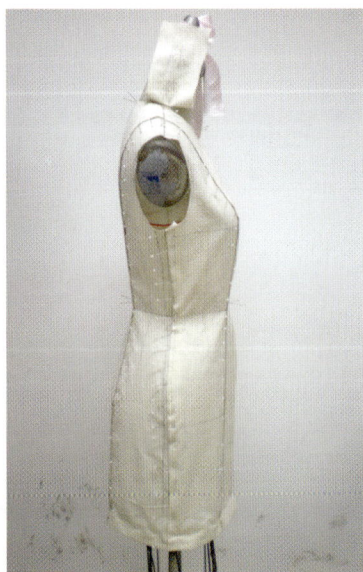

图9-1-10　　　　　　　　　　图9-1-11

如图9-1-12（学生苏瑞琪作业）所示：

如图9-1-13（学生黄丽玲作业）所示：

图9-1-12

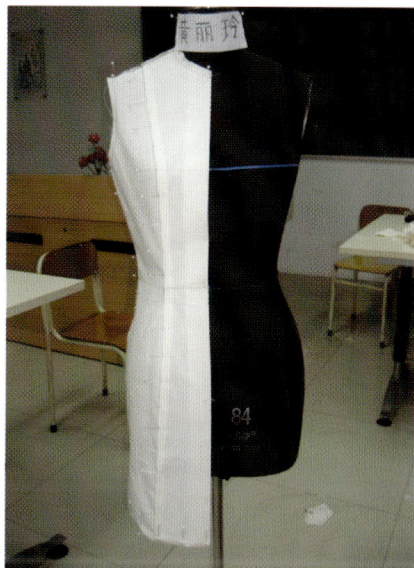

图9-1-13

第二节　学生实践作品的展示

如图9-2-1至图9-2-7（学生谈剑波作品）所示：

图9-2-1

图9-2-2

图9-2-3

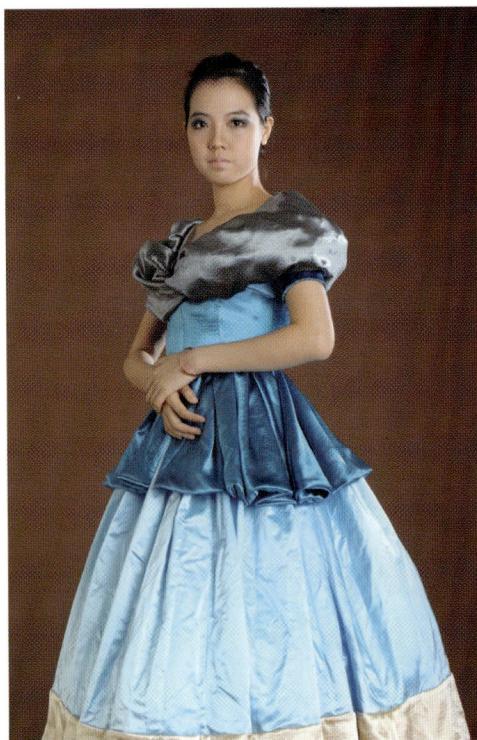

图9-2-4

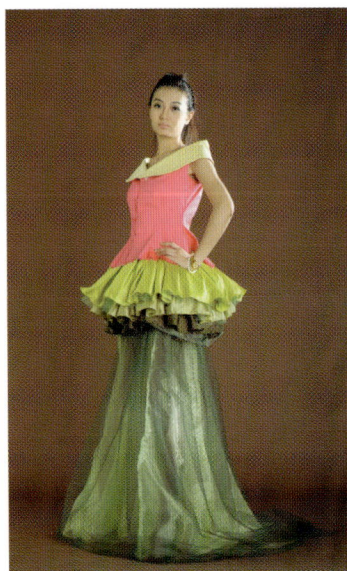

图9-2-5

图9-2-6

图9-2-7

如图9-2-8（学生冼韵莹作品）所示：

如图9-2-9（学生初明作品）所示：

图9-2-8

图9-2-9

如图9-2-10（学生李子莹作品）所示：

如图9-2-11（学生李彩移作品）所示：

图9-2-10

图9-2-11

如图9-2-12（学生林灵芝作品）所示：

如图9-2-13（学生赵芳作品）所示：

如图9-2-14（学生卢燕莉、李彩移作品）所示：

图9-2-12

图9-2-13

图9-2-14

结　语

　　"立体裁剪1"是立体裁剪技术的基础，着重于掌握基础知识，对设计还没展开。在掌握这些基本技术后，学生可以做多种款式的操作练习。原型的教学与上衣的操作基本相同，仅在预留放松量方面有所不同。对于分割线的操作，可以让学生做不同分割线款式的操作。领子和袖子有更大发挥创作的空间，可进行多种复杂款式的操作。更深入的礼服立体裁剪技术将在立体裁剪设计应用中作详细论述。

　　"立体裁剪1"考试要求：

　　（1）每位学生用立体裁剪方法完成实用上衣和裙子各一件，并制作成品。

　　（2）把整个完成过程记录下来，并用PPT文件形式交作品。

附 录

"立体裁剪1"课程教学大纲

课程名称	立体裁剪1		
适用范围	服装设计专业	课程类型	专业必修课
课程性质	专业主干课	选修课程	服装纸样设计1
学分	1.5	实验学时	18
学时	36	考核方式	考试
课外学时	约80	制定单位	广州大学

一、教学大纲说明

（一）课程的性质、地位、作用和任务

立体裁剪是服装塑型的立体手法，是服装设计中不可缺少的造型手段。课程通过基础教学、人体理解等逐步进入生活装设计、时装设计、礼服设计等，使学生能熟练地掌握立体裁剪的方法和最基本的技巧，能随心所欲地进行造型设计。

（二）教学目的和要求

（1）教学目的：通过本课程的学习，掌握立体裁剪的基本原理、基本知识和基本方法。

（2）教学要求：课程要求学生独立掌握立体裁剪的操作方法和技巧，理解服装结构设计中平面与立体的关系；通过学习和实操训练，加强学生的动手能力，能运用直接塑型的立体裁剪手段进行简单的服装设计。

（三）课程教学方法与手段

采用理论与实际设计相结合的教学方法，以多媒体课件展示及教师课堂实操示范为主，裁片脱样使用服装CAD教学系统协助。

（四）与其他课程的联系

"立体裁剪1"是服装设计专业的主干课程之一，是与服装设计密切联系、实践性较强的应用学科。它与"服装纸样设计"、"服装工艺设计"等课程均有较密切的联系。

（五）教材与教学参考书

基本教材：

胡大芬. 立体裁剪. 校内自编，2007

参考资料：

（1）[日]小池千枝. 文化服装讲座. 白树敏，王凤岐译. 北京：中国轻工业出版社，2000

（2）[日]中泽愈. 人体与服装. 袁观洛译. 北京：中国纺织出版社，2000

（3）[美]克劳福德.美国经典立体裁剪.张玲译.北京：中国纺织出版社，2003

二、课程的教学内容、重点和难点

重点：

（1）人体的理解。

（2）立体裁剪的原型制作。

（3）公主式时装表现。

难点：

（1）设计过程中表现手段和技巧的运用。

（2）原型制作是立体裁剪的基础，包括上衣原型、裙子原型等。本阶段教学最重要的任务是引导学生正确地操作，重点在于基础的训练，难点在于对人体各部位立体裁剪方法和技巧的运用，包括横平竖直、放松度的合理运用、针法的自如操作等基本技巧。

（一）立体裁剪的基础

（1）服装设计的分类。

（2）服装结构设计的内容。

（3）结构设计的种类。

（二）人体形态的认识

（1）由动作引起的形态差异。

（2）男女体型差异。

（3）人体截面。

（4）体型不同，横截面不同。

（三）立体裁剪工具与准备

（1）用具和材料。

（2）人台模特种类。

（3）人台模特的点名称。

（4）人台模特的线名称。

（5）点与线的关系。

（四）人台模特的准备

标志线的贴法。

（五）立体针法的运用

（1）五种针法。

（2）针包的制作。

（六）坯布的准备

丝缕的归正。

（七）原型的立体裁剪

（八）上衣原型的立体裁剪

（九）裙子原型的立体裁剪

（十）人体手臂模型的制作

（1）裁剪。

（2）制作。

（3）安装。

（十一）女衬衣的立体裁剪练习

（十二）公主式原型的立体裁剪

（十三）简单时装操作的学习

三、建议学时分配

内　　容	讲课	案例分析	讨论	习题	小计	多媒体教学手段
一、立体裁剪的基础	2				2	PPT
二、人体形态的认识	2				2	PPT
三、立体裁剪工具与准备	2		2		4	PPT、课堂录像回放
四、人台模特的准备				2	2	PPT、课堂录像回放
五、立体针法的运用	2				2	PPT、课堂录像回放
六、坯布的准备				2	2	PPT、课堂录像回放
七、原型的立体裁剪	2	2			4	PPT、课堂录像回放
八、上衣原型的立体裁剪	2	2			4	PPT、课堂录像回放
九、裙子原型的立体裁剪	2				2	PPT、课堂录像回放
十、人体手臂模型的制作				4	4	PPT、课堂录像回放
十一、女衬衣的立体裁剪练习	2	2			4	PPT、课堂录像回放
十二、公主式原型的立体裁剪	2	2			4	PPT、课堂录像回放
十三、简单时装操作的学习		2			2	PPT、课堂录像回放
合　　计	18	10	2	8	38	